FAMILY WEALTH MANAGEMENT

家庭理财十三课
撬开中产家庭的理财需求市场

马永谙 著

中国经济出版社
CHINA ECONOMIC PUBLISHING HOUSE

·北京·

图书在版编目（CIP）数据

家庭理财十三课／马永谙著．－－北京：中国经济
出版社，2022.4
ISBN 978－7－5136－6813－2

Ⅰ.①家… Ⅱ.①马… Ⅲ.①家庭管理－财务管理
Ⅳ.①TS976.15

中国版本图书馆 CIP 数据核字（2022）第 021449 号

责任编辑　孙晓霞
责任印制　马小宾
封面设计　任燕飞设计工作室

出版发行　中国经济出版社
印　刷　者　北京力信诚印刷有限公司
经　销　者　各地新华书店
开　　本　710mm×1000mm　1/16
印　　张　15.5
字　　数　200 千字
版　　次　2022 年 4 月第 1 版
印　　次　2022 年 4 月第 1 次
定　　价　58.00 元
广告经营许可证　京西工商广字第 8179 号

中国经济出版社 网址 www.economyph.com 社址 北京市东城区安定门外大街 58 号 邮编 100011
本版图书如存在印装质量问题，请与本社销售中心联系调换（联系电话：010－57512564）

改革开放以来，中国经济持续高速发展，家庭财富快速增长。截至2019 年底，我国国民可支配总收入为 98.9 万亿元，与 30 年前相比上涨近 57 倍。居民可支配收入的快速增长，使人们在物质与精神层面的需求日益多样化与个性化，对于家庭财富支配与管理方式的需求也更加多元与迫切。与此同时，我国金融体制改革持续深化，在数字化变革的背景下，数字化与智能化技术不断融入财富管理业务，金融产品不断创新，需求端与供给端的格局正在全面重塑。

从需求端来看，中等收入家庭对于理财服务的需求最迫切。如果中等收入群体的财富能与社会总财富同步增长，那么中等收入群体稳步扩大将有助于解决"中等收入陷阱"问题，进而推动经济社会长期稳定健康发展。

相较于低收入家庭，中等收入家庭拥有一定程度的财富积累，在满足基本生活需求的前提下可以有条件地进行理财活动；相较于高收入家庭，中等收入家庭不足以获得像私人银行、家族办公室等高质量、高门槛的理财服务，并普遍存在家庭资产配置结构单一、金融素养与认知相对不足等问题。

据统计，2019 年我国城镇居民家庭总资产中，住房资产占比近六成，金融类资产占比仅为两成，而金融类资产中又以存款等固定收益类产品为主。整体而言，家庭资产配置结构单一。2019 年相关数据还显示，全国消费者金融素养指数平均分仅为 64.77 分，整体水平有待提高，多数家庭需要专业人员提供理财指导，但专业的投资顾问严重匮乏。以证券行业为例，截至 2021 年 8 月，我国证券投资顾问注册人数仅为 65578 人。理财服务的供给端存在巨大缺口，理财服务的成熟度参差不齐，形成理财服务需求与供给的错位断层，这种状况亟须改变。

如何提高中等收入家庭的金融素养和认知、帮助中等收入家庭实现财富的稳定持续增长，消除经济社会潜在的"中等收入陷阱"隐患，是财富管理领域面临的重要问题，本书试图回答这些问题。本书作者有近 17 年的证券尤其是公募基金研究与投资经验，其团队（理财魔方）是国内最早从事智能投资顾问业务的机构。本书中，作者从中等收入家庭的立场出发，以客户立场、个性化定制、伴随式服务为主线，以理财魔方的业务与资产配置模式为案例，明确理财机构的使命与职责，阐述理财活动的基本理念，指明理财服务的核心要素与流程，介绍资产配置与资产选择的方法，明晰理财过程中适用的服务模式，强调技术因素在理财服务中的作用，力求用通俗易懂的方式为广大理财从业者提供家庭理财的从业指引，同时为中产家庭指明专业化理财的体系与底层逻辑。

随着中国经济增长从高速向中速的转变、从速度向质量的转变，居民财富保值和增值的手段都在发生快速的变化。如何通过有效的管理，让社会财富的增长更多地惠及广大普通家庭，如何让积累下来的庞大的居民财富更好地应用于经济转型升级，实现居民财富与社会经济的共同增长，这是摆在理财行业以及每个理财从业人员面前的核心问题，也是必须要去解决的问题。希望此书及其作者团队的努力探索，能对行业中的机构和从业者有所帮助！

廖理

金融学讲席教授、博士生导师

清华大学五道口金融学院

2021 年 8 月 11 日

我们在做什么？为什么做这些？

要点

　　1. 帮助客户挣到钱是理财机构的首要目标；

　　2. 用财富规划帮助客户实现人生目标，是理财机构的终极使命。

　　我们这样两群人——一群资深的金融从业者，一群顶级的信息技术专家，聚在一起做了理财魔方这个机构。

　　理财魔方主要为中产家庭做理财服务。

　　很多人会混淆投资和理财这两件事。简单地说，投资就是去博取高收益，而理财则是在安全的前提下追求更高的收益。

　　投资可以输，理财不允许输。

　　投资可以没有底线，理财绝对不能没有底线。

　　那么，我们为什么要在这个时候做这样一件事情呢？因为我们正处在一个剧烈变革的时代：改革开放以来，中国经过 40 多年的高速发展，中产家庭积累了不少财富，但中国经济粗放式的高速增长阶段已经结束，中产家庭对待财富的态度和方式如果不能适应未来的变革，将面临巨大的风险。一旦中产群体出现脆弱、不稳定的情况，社会也将随之变得脆弱、不稳定。一切社会问题归根结底都是经济问题。

经济的粗放式高速增长一般是以资金、人力等要素投入为主要推动力。相应地，资金需求量越大，资金价格（利率）也就越高。所以，高增长一般都伴随着高利率，而高利率则会催生高收入的固定收益资产。同时，高速增长会掩盖大部分问题，所以固定收益（简称固收）资产的违约率并不高。这也是过去这些年，我们的理财市场一直由"无风险"高固收资产主导的原因。当然，这里所谓"无风险"，并不是真正意义上的无风险，只是风险没有爆发而已。就像参与一场押十把赔一把的赌博，只是失败概率小，没遇到那一把之前都感觉是稳赚不赔的。

经济粗放式高速增长期过去之后，支撑高固收的高利率一定会降下来。以美国为例，经过战后40年的高速增长，到20世纪80年代早期，美国经济告别了高速增长时代，之后联邦基准利率从1982年的11.5%降到了1992年的3.25%，再到2002年的2%。同样的，中国的资本市场实际利率（以一年期银行理财产品收益率为参照），2008年是11%，目前已经降到了4%左右。

在这种经济背景下，游戏规则变了，不再是押十把赔一把了，可能是押十把赔五把。再一味简单粗暴地靠拼胆量砸投入已经不可行了，胆量越大可能赔得越多，所以我们需要仔细研究每一次投资的盈亏概率，这种游戏玩法就是浮动收益理财。浮动收益理财，顾名思义就是每一笔投资的盈亏概率不一样，盈亏大小也不一样。公募基金就是浮动收益理财的典型代表。我们再回头看看美国的情况：在其市场基准利率下滑的同时，公募基金规模出现爆发式增长，从1982年的3000亿美元增长到1992年的1.64万亿美元，再到2002年的6.4万亿美元，成为美国居民家庭中仅次于房产的第二大资产。中国也会经历这样一个过程。

从本质上来说，理财与治病很相似。无风险的高固收，就好像是一颗"大力丸"，包治百病，药到病除。所以，无风险高固收理财时代不需要"医生"，只需要"大力丸"和打把式卖艺般的吆喝卖药就可以了。传统的理财机构，其实就是那个靠打把式卖艺来卖药的人。

这世上真有"大力丸"，治病完全不需要医生吗？实际上，包治百病的"大力丸"是不存在的，药店里只有治疗特定疾病的特定药，所以必须有医生来诊断病人得的是什么病，然后对症下药。最终给病人治好病的是医生，而不是药厂，当然更不是药店。浮动收益理财机构就是那个"医生"。家庭理财机构，本质上就是家庭财富的"医生"。

我们为什么要为中产家庭来做家庭理财？因为高净值人群已经有专门的机构来为他们服务——私人银行、家族办公室等。这些机构虽然良莠不齐，但毕竟有专人管理。中产群体没有专人替他们服务围绕在他们身边的多半是传统的销售机构，所以中产家庭在变革中是最脆弱的。日本在 20 世纪 90 年代泡沫经济破灭后产生了一个叫"平成流浪汉"的群体，特指那些学历不低、曾经拥有不少财富和较高社会地位，却在财富变革中没有跟上时代而被淘汰的人群。与街头真正的流浪汉不同，这个群体被淘汰真的令人唏嘘，因为他们原本是社会的中坚力量，是社会的贡献者，是有高价值的人群。

经济高速增长后，会面临一个"中等收入陷阱"。"中等收入陷阱"本质上就是中产家庭这个阶层的陷阱，如果这个群体能够安稳度过财富变革的关口、不被消灭，甚至还能壮大起来，则代表顺利越过了"陷阱"。否则，"中等收入陷阱"就会沦为国家"陷阱"，因为社会的中坚力量和社会进步的真正推动力量可能因此被消灭。我们仔细观察任何一个陷入和失败于"中等收入陷阱"的国家，都会发现有巨大的财富分化与中产群体消亡的现象，比如曾经的拉美地区首富阿根廷及其他大部分国家。其中，智利之所以能够成功走出"中等收入陷阱"，是因为它是整个拉美地区中产家庭占比和稳定度最高的国家之一。

所以，为中产家庭理财，也是在为我们自己理财，为我们的未来理财。我们要努力创造一个更公平的理财世界，从而创造一个更有希望的未来世界。

中产家庭没办法像高净值人群那样配备专职的私人银行顾问，因为成本太高。既要低成本，又要高效能，那么选择以技术为主导的理财服务就成为必然。美国当下财富管理市场的头部企业，很多都是在20世纪80年代建立和成长起来的，如贝莱德、美银美林、先锋基金等，这些机构普遍都是技术驱动型企业。贝莱德基于风险预算管理的组合管理与交易系统 Aladdin Platform 是美国财富管理企业的主流工具，美银美林的客户分析与管理系统（TGA 系统）以及理财方案生产与管理系统（MIDAS 系统）也是证券行业财富管理的技术标杆。

理财魔方要做的就是依靠技术驱动的中产家庭理财，或者叫依靠技术驱动的中产家庭私人银行。伟大的企业必然诞生于伟大的目标，伟大的目标必然来源于承担伟大的责任。在这件事情上，我们责无旁贷。

让客户挣到钱是理财的首要目标，帮助客户挣到钱是理财机构的天生职责。

理财的目标，首先是让客户挣到钱。

客户收益 = 产品收益率 × 客户投入的资金

在这个公式里，产品收益率是由资产管理公司（Asset Management Company，AMC）负责的，但 AMC 没办法做到既把收益率做高又没有波动，而收益有波动的资产中，客户投入的资金、投入结构和分配方式，是客户最终能否盈利的关键。从理论上来讲，在分配得当、进出管理合理的情况下，每个客户都应该挣到钱。理财的核心工作就是做好客户家庭的资金分配与投放。同时，理财机构是客户资产的最终对接方，负有筛选资产管理机构提供的产品并落地形成方案的职责，所以理财机构应该对客户最终能否挣到钱负责。

在中国，传统理财机构以销售为导向，他们的主要目标是把产品卖出去，而资金分配与进出管理这些决定能否挣到钱的关键问题却没有人真正负责，行业的习惯是把这个工作交给客户自己解决。结果就是，理财行为往往是失败的，尤其是在浮动收益理财产品的投资与管理上，亏损居多，此时这些以销售为导向的机构会把失败的原因归咎为客户的行为不当，比如没能长期持有、没有合理分配、风险水平过高或过低，甚至最终会归结到客户不成熟、不理性上去。坦白地说，如果客户足够成熟理性，也足够专业，能做好资金分配与管理，能对抗人性中的弱点，实现长期持有且不追涨杀跌，那还要理财机构干什么呢？理财机构的天生职责就是帮助客户实现其无法实现的理性和专业，也就是帮助客户解决那些导致其无法赚钱的问题。如果理财机构不能为客户是否挣到钱而负责，还能为什么负责？

理财服务中常常出现这样一句话："卖者有责，买者自负"。这句话原本是用来帮机构免责的，但很多机构误把法律上的免责当成业务目标上的免责，放弃了自己真正应该承担的业务责任，这样的机构注定做不成一家伟大的企业。伟大的企业必然诞生于伟大的目标，伟大的目标必然会主动承担伟大的责任。在这个事情上，理财机构任何的推托透迤，要么是对自身定位认识不清，要么就是完全不负责任。我想再次强调，理财的首要目标就是帮助客户挣到钱，没有帮客户挣到钱，就是不尽职的表现。

这就叫"客户立场"：要牢牢地站在客户立场上思考问题、解决问题。

很多传统理财机构会给客户比较产品的收益率高低，以此作为吸引客户的手段。但事实上，理财机构并不是客户理财收益率高低的责任人。一个理财行为能挣到多少钱，与投资者个人状况有关，如果投资人能承担更高的风险、资金可以允许放更长的时间，那么这个理财行为则天然具有获取更高收益的基础。反之，如果只是为了比拼收益率而给他配置了期望收益更高的资产，则很可能会因为出现大波动而让投资者在底部时崩溃出局或在顶部时加大资金投入而导致亏损。由此可见，更高的收益率不仅难以转化为投资者的收益，反而会害了投资者。对于那些不能承担更高风险和不能放置过长时间的资金，没有底线的投资行为只会坑害投资者。能挣多少钱，这个事情的核心不在于理财机构，而在于投资者个人，是其"命中注定"的结果。理财机构需要做的就是帮助投资者兑现这个"命中注定"的收益，或者说帮助投资者在底线之上尽可能多地挣钱。

理财的目标是赚到钱，但除了少数"葛朗台"，赚钱本身并不是大部分人的人生目标。挣钱只是手段，钱财是用来实现人生目标的。人生目标不一定都是大的，吃饭、穿衣是人生目标；置业、教育、养老是人生目标；实现财富传承，让子孙后代免于饥饿贫穷之忧也是人生目标；积累财富，报效社会和国家，服务于全人类，更是人生目标。

在经济高速增长、世界快速变化的背景下，大部分家庭很难为自家每一个成员的人生目标或者大部分的人生目标建立清晰明确的财富计划。但是，不建立不等于不需要。显然，清晰的人生目标必须得通过建立清晰的财富规划来支撑，至少得有一个能大致满足需求的合理"大后方"。所以，理财机构要做到：**当你头脑中对理财规划不清晰的时候，**

我帮你兜底；当你有着清晰的理财规划时，我帮你护航。

没有财富规划做支撑的人生目标都是空想，没有合理财富规划去实现的人生目标则是人生的浪费——你原本可以实现更好的目标，或者更快地实现目标。

所以，我们要在目前大部分家庭并不能制订清晰的财富规划目标这个事实基础上，帮助每个家庭做好无目标理财背后的"核心"大本营，进而帮助家庭为逐渐清晰的人生目标来设定"卫星"财富计划，帮助客户走向有目标理财的财富之路。

这就叫"个性化定制"：让客户在理财规划中鲜活起来，根据他"命中注定"的个性，理清他在人生各阶段变动的需求，制定合适的理财方案，而不仅仅是把他们作为一组面目模糊的产品销售对象，甚至作为绿油油的"韭菜"去收割。

人有七情六欲，尤其在面临浮动收益理财市场短期波动的时候，表现更为明显。下跌了恐惧，上涨了贪婪，这都是人性的表现。但是，恐惧和贪婪往往会让我们放弃本来已经制定好的、适合自己的理财方案。所以，真正人性化的理财服务，不是将制定好的方案扔给客户就完成了，还需要帮助客户一起来推进执行这个方案，一起面对恐惧，一起克服贪婪，一起跨越因为人性而带来的激流险滩，最终到达胜利的彼岸。

了解客户的情绪，缓解客户的压力，陪伴客户并引导、干预他们的理财行为，帮助他们克服贪婪和恐惧情绪，提升客户面对涨跌的理性程度和专业知识水平，这是理财服务中非常重要的部分。

这就叫"伴随式服务"：伴随客户共同经历激动、沮丧等情绪变化，伴随客户不断成长，以合理的理财方法和持续的陪伴帮助客户实现人生梦想。

客户立场、个性化定制、伴随式服务，这是面向家庭理财的理财服

务的三个最基本也是最高的要求，本书将围绕这三个方面展开讲述。

　　本书是作者多年专业理财工作的经验总结，是写给理财从业者的专著。希望这样一本中产家庭理财服务的从业经验之作，能对同业者们的业务开展带来帮助。

　　让我们开始吧！

目 录
CONTENTS

1

第一部分

客户立场

一个人的理财目标 ··

赚到钱

完成家庭目标

确保家庭安全

所谓客户立场，就是理财服务首先要去解决客户的目标，而不是满足自己的目标。那么，我们的中产客户，面临着什么样的理财或者人生困境呢？

本部分内容中，我们站在客户的视角来看：我们因何赚钱？我们如何理财？然后，基于以上两个问题展开论述与探讨，从而帮助我们理解后面两个部分的内容，即个性化定制与伴随式服务因何起、如何做。

第一课 "危险"的中产家庭

要点

1. 中国经济已经从高速增长转为中低速增长，中产家庭收入不会再如过去那样高速增长，而且在未来可能会在两端挤压下出现财富缩水的情况。

2. 中国的中产家庭财富现状并不乐观：房地产占比过高，杠杆率过高，理财收入占比过低——总体而言，目前的支出结构过于乐观，因而也过于脆弱。

3. 过于激进和过于保守的理财方式，都会导致阶层下滑。

一、"平成流浪汉"与阶层下流

2012 年，日本厚生省做过一个关于流浪汉的调查。9676 名流浪汉平均年龄约 59.3 岁，三成以上流浪超过 10 年，五成以上流浪超过 5 年。

10 年前，也就是 2002 年，正好是日本泡沫经济破灭后的第 12 个年头。再往前推 12 年，即 1990 年（平成二年），是日本泡沫经济开始破灭的元年，这些流浪汉中的主体，正是当年 40 ~ 50 岁的中年人，因此我给这个群体取了一个名字，叫"平成流浪汉"。

流浪汉哪里都有，那为什么要单独给这个群体取这样一个名字呢？因为这群高龄流浪汉与传统上大家想象的流浪汉——没读过书、没干成过事、失败者、社会弃儿这些标签不同，他们中有70%左右的人在流浪前都曾是正式职员，其中有将近10%的人曾是企业管理层或企业主。

这些高龄流浪汉的流浪原因，60%以上是因为破产、失业、收入减少等。纪实作家增田明利写过一本书《今天，我变成了无家可归者》，描述了15个从白领变成流浪汉的例子。在日本经济腾飞的"昭和奇迹"时代，中产家庭收入快速增加，财富飞快增值，借款买房子、买股票、炒外汇，这些都是当年中产家庭的标配。20世纪90年代开始的泡沫破裂，破裂的不光是房价、股价，还有收入增加的速度。收入开始减少，而借钱买的资产还在以对折、三折、两折甚至一折的价格不断贬值，不能及时改弦更张的中产家庭，面临的就是家庭财务破产。为了切割债务，确保家人还有个地方住、有口饭吃，这些"昭和男儿"们只好净身出户，成了"平成流浪汉"。

在经济高速增长期热衷于投资，方法过于激进，没有底线，是导致他们成为"平成流浪汉"的主要原因。"平成流浪汉"，特指这些因平成时代的经济泡沫破灭而成为社会弃儿的前中产群体们。

中产家庭在泡沫破灭中沦落为流浪汉的毕竟是少数，但整个中产群体的阶层下流、财务状况恶化，却是泡沫破裂中的常例。2005年，日本出版了一本年度畅销书叫《下流社会》，描写的是20世纪90年代泡沫经济破裂后，日本的中产家庭面临收入下滑、失业等危机。作家三浦展在这本书里说，日本的中产阶层因为收入下滑等原因已经崩溃，中产群体整体在"向下流动"。

中产家庭整体的"阶层下流"，成因却与"平成流浪汉"们截然不同。前者是过于激进，后者是过于保守。泡沫经济破灭后，惨烈的资产价格"大打折"吓怕了中产家庭，他们不敢买房、不敢投资，甚至连消费都大打折扣，陷入"低欲望社会"的怪圈。在随后的30年里，他们的经济状况徘徊不前，收入又没什么增加，结果导致中产家庭在整个社会财富的分配占比越来越低。

据统计显示，2000—2020年日本两人以上家庭的日常支出要占到可支配收入的90.00%以上（如图1-1所示）：

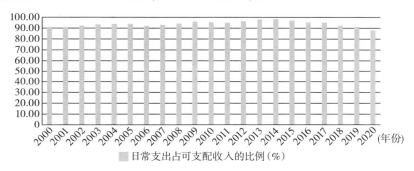

图1-1 2000—2020年日本家庭日常支出占比

投资不行，不投资也不行，中产家庭陷入尴尬境地。

其实，这个命运的破解并不难：别做没底线的高风险投资，但必须做好理财。日子好过的时候别嘚瑟，选择有底线的、妥当的理财方式；日子不好过的时候别灰心，也要选择有底线的、妥当的理财方式。

在本书的开篇就写这么一个悲惨的故事，不是为了哗众取宠，而是因为历史往往是相似的，我们要从历史中借鉴经验、吸取教训。

二、"平成流浪汉"的悲剧距离我们并不遥远

1. 国内家庭收入状况

一个家庭的收入，无非有两个来源：工资收入和工资之外的收入。对于大部分家庭来说，工资之外的收入主要就是理财收入——工资赚到本金，理财"锦上添花"。

我国大部分家庭目前还是以工资收入为主，在城镇居民的家庭收入中，工资收入占比达60.35%（如图1-2所示）。

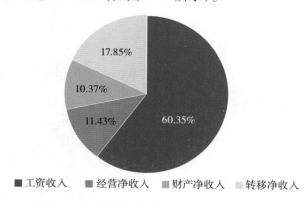

■ 工资收入　■ 经营净收入　■ 财产净收入　■ 转移净收入

图1-2　中国城镇居民收入来源比例

我们的工资收入在过去这些年增速很快。从2000年至2013年的14年间，城镇职工人均工资的涨幅，每年都在10.00%以上，最高时增速甚至接近20.00%（如图1-3所示）。

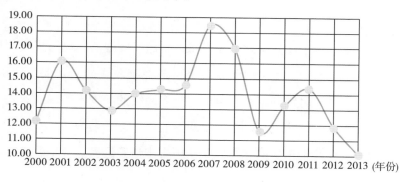

图1-3　2000—2013年中国城镇职工工资收入增速（%）

2013年之后，国家统计局公布了新口径的收入数据，能明显看出来，2014年之后的城镇职工工资收入出现持续下滑的情况，不再有两位数的增速，目前大约维持在8.00%左右。国内家庭收入整体进入增速减缓阶段（如图1-4所示）。

6

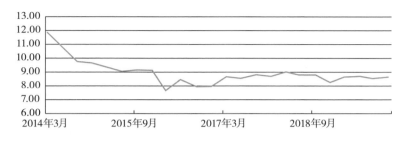

图 1-4 2014 年 3 月至 2018 年 9 月国内工资收入增速（%）

2. 国内 GDP 高增速阶段已经成为"过去式"

有些人会觉得，这种工资增速下滑只是暂时现象，未来还可能涨回来。会不会涨回来呢？其实，工资增速和经济增长速度密切相关。从下面这张图就可以很清楚地看到，工资增速与咱们的 GDP 增速基本上是一致的。GDP 增速高则工资增速快，反之则慢（如图 1-5 所示）。

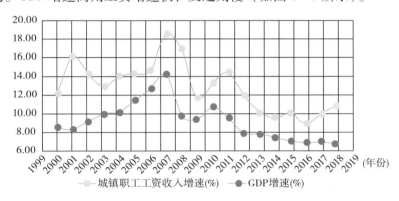

图 1-5 2000—2018 年中国城镇职工工资收入增速与 GDP 增速对比

不光中国如此，全世界都如此。其实道理很简单：没有经济增长，哪儿来的钱涨工资呢？（如图 1-6、1-7 所示）

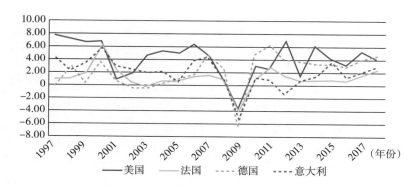

图 1-6 1997—2017 年主要国家工资收入增速（%）

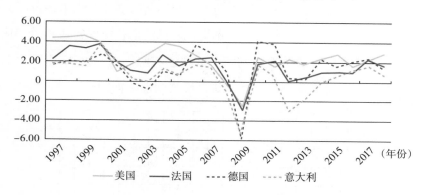

图 1-7 1997—2017 年主要国家 GDP 增速（%）

所以，工资增速能不能回来，主要得看经济增速能不能回到过去两位数的增长节奏。

我们这一代中国人，大多数时候都在经济高速增长中度过。在我们的记忆中，经济增速尽管短期会有波动，但很快就能回来。经济高速增长、环境日新月异，隔几年回头看过去的生活、收入，甚至周边环境，都会觉得变化非常大。我们已经习惯了这种快速的变化（如图 1-8、图 1-9 所示）。

图1-8　浦东三十年前与今天对比

图1-9　农村过去与现在对比

但我们需要清醒地认识到，高速增长绝不是常态。缓慢发展，甚至是发展停滞，才是社会的常态。中国过去这些年的增长，之所以叫奇迹，就是因为它并不普遍，更不可能长久地持续下去。

东亚的几个国家，从日本开始，其次是韩国，然后是中国，在"二战"之后都经历了高速增长期，我们来看一看这种增长的过程。

日本战后经济恢复是从20世纪50年代初期开始的，借助朝鲜战争的"东风"开始高速增长，高速增长期（两位数的增长）延续了25年

左右；之后进入中速增长期（年增速 5% ～ 10%），又维持了 15 年左右；此后进入低速增长或停滞期，至今已经快 30 年（如图 1 - 10 所示）。

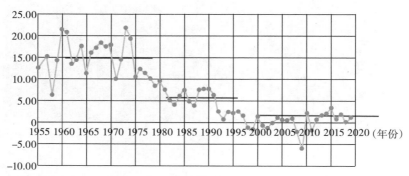

图 1 - 10　1955—2020 年日本 GDP 增速（%）

1961 年，朴正熙通过军事政变上台，从 20 世纪 60 年代中期开始，韩国经济开始加速增长。由于体量略小，韩国经济增速一直不是很稳定，不过大致维持在两位数左右的高速增长，即所谓"汉江奇迹"。这种情况从 20 世纪 60 年代中期一直延续至 90 年代中后期，接近 30 年，之后转入中速增长 10 余年，近 10 年也已经进入低速增长或停滞期（如图 1 - 11 所示）。

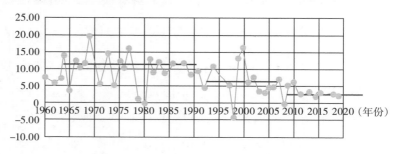

图 1 - 11　1960—2020 年韩国 GDP 增速（%）

这其实就是后发增长型国家普遍经历的一个过程：高速追赶—低速

追赶—追上之后的停滞与调整—成为成熟发达经济体。中国的经济增长模式与日本、韩国这两个东亚国家很相似（如图 1 - 12 所示）。

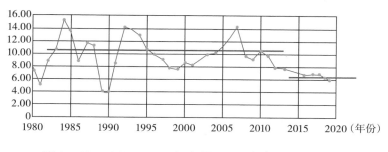

图 1 - 12　1980—2020 年中国 GDP 增速（%）

改革开放以来，中国 GDP 两位数高速增长期已持续了接近 30 年，从 2011 年开始进入中速增长期，目前也已经有 10 年左右，我们不知道中速增长期会延续多久，何时进入低速增长期。中国与日本、韩国的不同之处在于，中国经济体量庞大，远超过日本和韩国这两个经济体，当经济增长激发内需之后，庞大的内部市场可能会延缓低速或停滞的进程，但是我们的经济增长从高速阶段进入中低速阶段应该是不可避免的。

这就意味着，我们的工资收入高速增长的时代已经结束了。我们会不会走日本的老路，出现中国式的"平成流浪汉"呢？这个答案不确定，但是我们必须敲响警钟，增加危机意识，因为"平成流浪汉"的悲剧距离我们真的并不遥远，就看我们如何应对。

三、财富结构失衡，财务现状并不乐观

过去我们受益于经济总体的高速增长，但"成也萧何，败也萧何"。我们的消费习惯、家庭理财行为都还停留在高速增长的惯性中，当未来的高速增长不再出现，家庭的财务隐患也将由此产生。从这个角度来判断，中国家庭的财务状况并不乐观。

中产家庭因为有收入，所以敢支出。但是，中产家庭的收入还没有宽裕到随便怎么花都行的地步，这其实是一种"紧平衡"。一旦收入的情况有变，很容易陷入入不敷出的境地。这是"平成流浪汉"出现的根源，也是我们必须警惕的地方。

那么，现如今的中国家庭财务状态具体是什么情况呢？为什么我会说并不乐观呢？

1. 结构不合理，不动产占比过高

中国家庭财富结构普遍出现这样的情况：房产在财富中的占比平均超过50.00%，其中城市家庭超过70.00%，北上广深等一线城市甚至超过85.00%，这种比例相较于美国、日本等国家要高出一大截（如图1-13所示）。

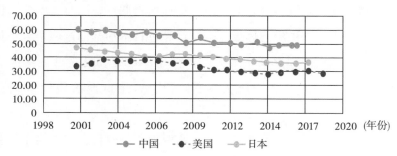

图1-13　2000—2019年中美日三国居民房产在财富中的占比（%）

房地产之所以叫"不动产"，不光是因为这块资产不能挪窝，同时隐含了其交易的不便利性——不动，也包括交易不动。房地产最大的问题：一是涨和跌的时间都很漫长，涨起来不容易跌，可一旦开始跌也很难转涨；二是一旦进入下跌周期，交易就会极其清淡，很难脱手。所以，房地产价格素来有"顶点即是底点"之说。

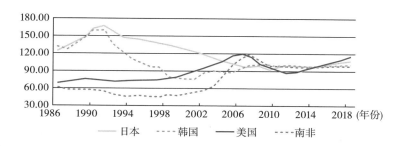

图 1 - 14　1986—2018 年部分 OECD 国家房价指数（％）

从图 1 - 14 我们可以看到，不仅涨的时间动不动以 10 年、20 年为计，跌的时间也经常以 10 年、20 年为计，可以说是相当漫长。

涨的时候万事皆好，一旦转跌，周期长、流动性差、变现难，这就是所谓的"纸面财富"。不动产占比过高，财富的"纸面财富率"就高，经济下行时的抵抗力就会下降。这种状况很容易造成中产家庭的破产。

不动产占比过高还会带来另一个问题：家庭的负债率偏高。中国人不习惯举债消费，家里欠的钱，主要是买房子的贷款。最近 20 年来，中国家庭负债占比持续走高，其中购房抵押贷款占比最大（如图 1 - 15 所示）。

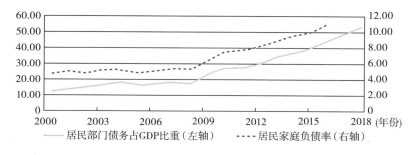

图 1 - 15　2000—2018 年居民负债数据（％）

这个负债数据其实是"虚假"的，因为其中的家庭财富，大部分是房产，而房产的变现能力很差，"纸面财富"是要打很大折扣的。真

正能让我们还得起所欠债务的，仍然得依靠收入的快速增加。但是，如前文所述，这个增速"发动机"正在熄火。

如果熄火了，增速不再是两位数，而是一位数，结果会怎么样呢？

理财魔方先后为1400多个中产家庭做过家庭财富的规划，规划的第一步就是预估未来的支出，估算什么时候需要支出多少钱，从而确定如何分配现在手里的和未来将要获得的资产。在这个过程中，对家庭财富的摸底结果显示，状况其实是非常不乐观的。

2. 18%的中产家庭会在未来某个时刻遭遇财务危机

如果收入不能始终维持在两位数以上的增长，那么将有18%的中产家庭会在未来某个时刻遭遇财务危机：收入加上手里所有的可流动性资产，不够支付当时的支出。通俗地说，家庭破产了。18%，这是一个多么可怕的比例！

出现财务问题的预估年龄，将集中在30～60岁，平均年龄为48岁。对于这个年龄段的人来说，人生的大部分可能已经发生，如果出现财务问题，从头再来的机会已经很少了（如图1－16所示）。

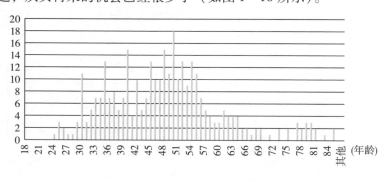

图1－16　中产家庭遭遇财务危机的年龄分布（％）

对于这些中产家庭来说，财务缺口的金额，从3万元到300万元不等。当然，这个测算的前提是这些家庭还可以"带病运行"——虽然没钱，靠借钱还可以继续支撑下去。但在现实中，一旦没钱支出甚至破产了，那么后面的支出可能也就发生不了。按照目前的负债情况以及未来的支出需求，如果这18%的家庭不想破产，他们就需要补上几万元到几百万元的额外收入。

可对于一个40岁以上，甚至接近60岁的人来说，到哪里去补上这额外的几万元甚至几百万元的收入呢？"平成流浪汉"的悲剧，其实就是在这个阶段发生的。

这就是现实，同时也是警钟。如果没有合理的理财规划，中产家庭的悲剧可能很快就要上演。

3. 理财收入占比过低

西南财经大学做的《2018中国城市家庭财富健康报告》显示，中国城市家庭资产中只有11.8%是金融资产，可以获取理财收入。但是，在这11.8%的资产中，42.9%是存款，13.4%是银行理财，收益率低于通货膨胀率；17%是保险，是不产生收益的支出；10.3%是借款，就是通过P2P或私人信贷渠道借出去的钱，目前暴雷（本金全无）的风险是30%～50%；只有8.1%是股票、3.2%是基金（如图1-17所示）。

这意味着什么呢？少数的生息资产产生的收益远低于通货膨胀率，所谓的"理财"，其实是在贬值——因为挣到的收益，还抵不上贬值速度。理财这个"发动机"，从来就没有发动过（如图1-18所示）。

这种情况到2020年仍然在延续。同样是西南财经大学做的《中国家庭财富指数调研报告（2020年度）》①表明，2020年家庭投资理财平均收益率为2.3%，其中51%的家庭投资理财收益基本持平，也就是说一半以上的家庭并没有通过理财挣到钱。有35.8%的家庭投资理财收

---

① 参见西南财经大学中国家庭金融调查与研究中心发布的《疫情下中国家庭的财富变动趋势——中国家庭财富指数调研报告（2020年度）》

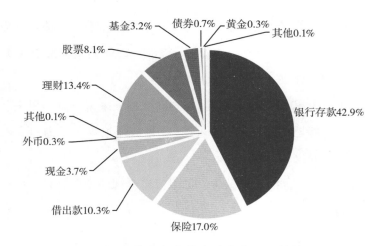

图 1 - 17　城市家庭的金融资产配置结构

数据来源：西南财经大学，《2018 中国城市家庭财富健康报告》

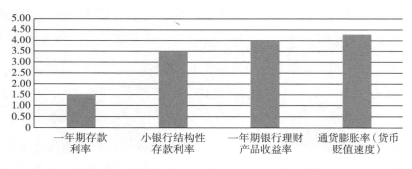

图 1 - 18　资产收益率与通胀率比较（%）

益为正，其中 21.2% 的家庭投资理财收益率在 0 ~ 10%，10.9% 的家庭投资理财收益率在 10% ~ 30%，3.7% 的家庭投资理财收益率超过 30%（如图 1 - 19 所示）。

　　由此可见，大部分中国家庭的理财"发动机"没启动的原因是他们因为保守而不敢进行理财投资。

　　房产购置是中国家庭的重大支出项，不动产作为高风险资产，大部分家庭是以贷款方式购买，加杠杆又进一步放大了投资风险，这种结构

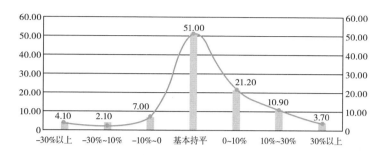

图 1 - 19　中国家庭投资理财收益情况（%）

无疑是在重蹈"平成流浪汉"的覆辙。

与此同时，我们在另一面又过度保守，理财渠道不合理，理财收入过低，又是在重蹈"阶层下流"中的日本中产人群家庭的覆辙。这是一个非常危险的信号。

四、两端挤压，未来堪忧

1. 国内收入差距在拉大

从前面所述的现状中，我们可以看到中产家庭的财富现状并不乐观，未来可能更为堪忧。一方面，收入的第一次分配差距在拉大，社会越来越依赖于资本、资源来分配财富，而不是依靠中产人群所擅长的技能、专业知识来分配。所以，在第一次财富分配中，中产家庭分到的越来越少。而在保障社会公平的二次分配中，中产家庭又不够"穷"，所以二次分配会更多地向底层倾斜，中产家庭同样也是分不到什么的那个群体。"姥姥不疼舅舅不爱"的尴尬境地，大概就是中产家庭在未来财富分配中最真实的写照。

目前，中国的收入分化情况是比较严重的。根据国际惯例，基尼系数越接近 0 表明收入分配越是趋向平等，这个数值越大代表越不公平（如表 1 - 1 所示）。

表1-1 基尼系数值区间及代表收入情况

基尼系数	代表收入分配情况
0.2以下	收入绝对平均
0.2~0.3	收入比较平均
0.3~0.4	收入相对合理
0.4~0.5	收入差距较大
0.5以上	收入悬殊

中国的基尼系数在2008年达到顶点，之后略微下滑，但自2015年之后又开始上行。总体上，在过去20年间，中国的基尼系数持续处于0.4~0.5，属于收入差距较大的国家之一（如图1-20所示）。而且，我们千万不要忘记，总体情况中，包含了一次分配和二次分配的结果，在这个趋势中，中产家庭是属于最吃亏的那个群体。

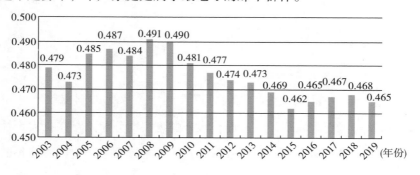

图1-20 2003—2019年全国居民收入基尼系数

目前，高收入群体占据的社会财富越来越多。根据招商银行私人财富报告中的内容显示，可投资资产超过1000万元人民币的个人被定义为高净值人士，这部分人群持有的可投资资产目前占比高达32%，且有不断上涨的趋势。据统计，这部分高净值人群数量的占比仅为0.14%。也就是说，国内的大部分财富掌握在非常少数的顶端层级手中，资源分配非常不合理。

注：可投资资产包括个人的金融资产和投资性房产。其中金融资产包括现金、存款、股票（指上市公司流通股和非流通股）、债券、基金、保险、银行理财产品、境外投资和其他境内投资（包括信托、私募股权、阳光私募、黄金和期货等）等；不包括自住房产、非通过私募投资持有的非上市公司股权及耐用消费品等资产。

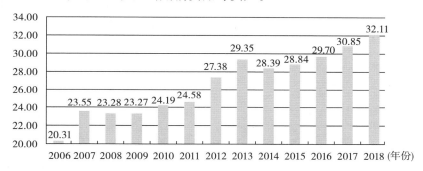

图 1-21　高净值人群持有可投资资产规模占比（%）

2. 中产家庭遭受来自两端的挤压

社会进步的标志是低收入人群的保障水平。中国为低收入人群提供的保障水平正在以肉眼可见的速度增加，低收入群体获得的社会保障也越来越多。

民政部的统计数据显示，截至 2019 年底，城市和农村低保人口数量约为 4316 万人，占比 4% 左右，获得财政支出 1600 亿元左右，且呈现逐年上涨趋势（如图 1-22、图 1-23 所示）。其余低收入群体也受到国家不同程度的保障优待，包括税收政策、医疗保险、养老保险等方面的倾斜或者直接补助。救助弱势、低保、特困人群，实施兜底保障脱贫攻坚政策始终是国家的政策重心，未来国家也势必将投入更多资金来提高低收入群体的生活质量。

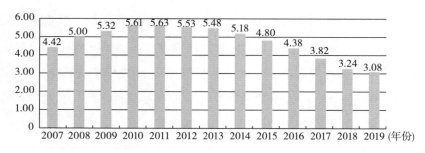

图 1－22　2007—2019 年低保人口占总人口比例（％）

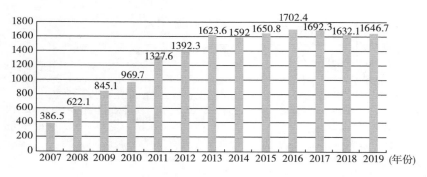

图 1－23　2007—2019 年低保财政支出（单位：元）

两端都在增加，在总数大体不变的情况下，减少的部分来自哪里？

依据收入划分不同阶层后，剔除高收入、低收入群体后的中产群体，就是那个被挤压的群体。

相较于高收入的顶层群体，中产群体只是为其服务的普通打工人，劳动成果大多被企业家剥夺；而相较于低收入的底层群体，中产群体还需要缴纳税款、间接将部分劳动成果转移给低收入群体。群体庞大、任劳任怨的中产家庭，是真正支撑这个社会的中坚力量和稳定因素，这个群体如果不能发展壮大，社会如何稳定地发展进步呢？

我们正在完整地重复日本中产家庭经历的一切。如果不做任何改变，我们的中产家庭也将会面临"平成流浪汉"和"阶层下流"这两个日本中产走过的命运。

所以，作为中产家庭，作为服务中产家庭的理财机构，我们都必须做出一些改变。

那么，我们该如何改变呢？财富分配的问题，当然得通过财富管理的方式解决。下一节课我们先看一看，中产家庭的财富问题究竟出在哪里，然后进一步探讨该怎么解决这些问题，为中产家庭真正带来财富智慧。

第二课　合理理财，赚到该赚到的钱

要点

1. 中产家庭必须合理理财，需要用钱的时候有钱用，不至于因财富降级而"阶层下流"。

2. "合理理财"就是要赚到该赚到的钱。

3. "该赚到的钱"，就是依靠我们自身所具备的两个天然条件——能承担一定风险，能持有一定时间而应该赚到的钱。指望依靠聪明、勤奋、运气、内幕信息这些外在的东西赚到钱，既不靠谱，也不"该"。

一、在理财里，你比别人多出来的是什么？

1. 中国股民与基民的盈亏现状

前面说过了中产家庭面临的问题，主要是"平成流浪汉"和"阶层下流"的问题。阶层的问题，本质都是财富问题，所以我们必须得重视理财。

你肯定马上要说了：不是我愿意把主要的钱放在房子上，而是之前放在房子里的钱都挣钱了；不是我不愿意把钱放到股票、基金里面，而是之前放进去的不挣钱光赔钱啊！

22

是的！

股民中有一句话"一赚二平七赔"，说的就是炒股的人里，只有一成是赚钱的，七成都是赔钱的。

这个数据可能偏乐观了。中国证券投资者保护基金所做的调查显示，2018 年全国 1/4 的股民是盈利的，2019 年这个比例上升到了一半。2018 年亏钱的人都可以理解，毕竟市场是这么个走势（如图 2 – 1 所示）。可是，2019 年整体来说，全年都是上涨市场，为什么仍然有一半的投资者没有赚到钱（如图 2 – 2 所示）?[①]

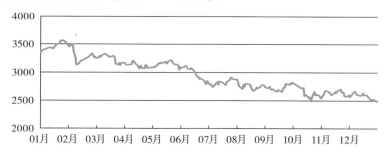

图 2 – 1　2018 年 A 股走势

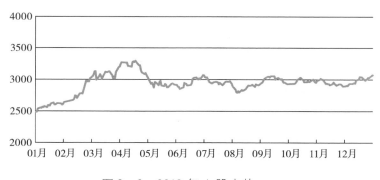

图 2 – 2　2019 年 A 股走势

最有趣的是 2008 年股灾后，CCTV《经济半小时》节目对 70 万股

---

① 参见中国证券投资者保护基金公司《2019 年度全国股票市场投资者状况调查报告》

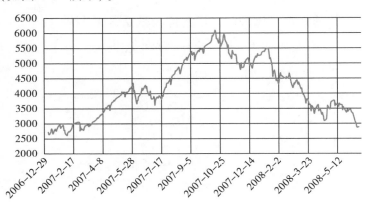

民做了一个大调查，调查股民在 2007 年 1 月 1 日到 2008 年的盈亏情况。

　　为什么选择这个区间呢？因为这个区间 A 股并没有赔，还涨了 6%，只不过中间坐了个波澜壮阔的"大电梯"：涨到 6124 点，又跌了回来（如图 2 - 3 所示）。

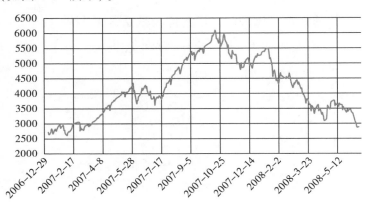

图 2 - 3　上证指数收盘价

　　但是，股民的情况呢？（如图 2 - 4 所示）[①]

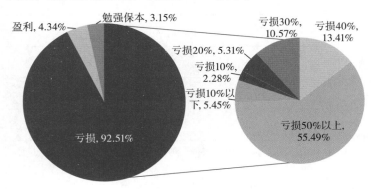

图 2 - 4　股民盈亏情况

---

① http://www.cntv.cn/program/jjbxs/20080617/108606.shtml

从图中我们可以看出，92.51% 的股民是亏损的，其中接近一半亏损幅度超过 50%。

我们习惯于把赔钱的原因归结为市场形势不好。但是，很多时候亏损不是市场的错，而是另有原因。A 股收益率并不低，从 1994 年至 2020 年的 26 年，年收益率大约在 9.6%，如果坚持投 26 年，你的资产能翻 11 倍（如图 2 - 5 所示）。

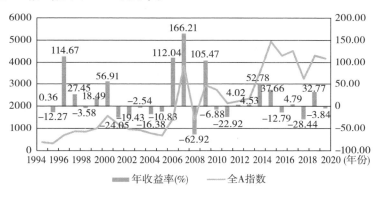

图 2 - 5　A 股收益情况

基金的情况也一样。根据基金业协会的统计，截至 2017 年底，大约只有四成左右的基民挣到了钱。不过，这个统计针对的是还在市场里的基民。中国基民的历史累计总人数接近 9700 万人，而现在还在投资的不过 1700 万人。离场的那 8000 万基民，我想肯定不会是因为钱赚多了才离开，他们的盈利比例肯定很低，甚至是赔了不少钱（如图 2 - 6 所示）。

与股票的情况相同，基金本身并不是不赚钱。从 2004 年至今，基金的年平均收益率达 10.4%，这其中还包括低收益的货币基金、债券基金等（如图 2 - 7 所示）。

基金年收益率那么高，我们为什么没有通过炒股和买基金挣到钱？

这个问题可以换个角度来问：我们凭什么应该挣到钱？

咱们中国有句老话"钱难挣，屎难吃"，话糙理不糙。任何方法，

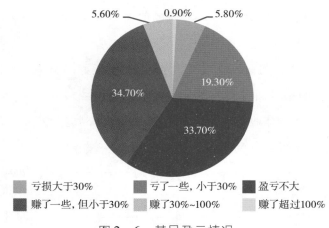

图 2 - 6 基民盈亏情况

图 2 - 7 基金年收益率（%）

无论是工作还是理财，挣钱都不容易。我们挣到的每一分钱，都饱含了我们的付出。工人拿工资是因为付出了体力劳动，资本家挣钱是因为付出了聪明才智。

你会说：我付出了钱啊。钱是理财的生产资料，钱本身不会生钱。就像土地是生产资料，不劳动、不撒种子，土地本身也不会长出粮食。

一个人能凭借一份工作赚到钱，无非是如下几个方面的原因：比别人聪明，比别人花的时间多，比别人运气好，以及比别人资源多。

2. 你的优势是聪明吗？

杰西·利弗莫尔是历史上著名的天才操盘手。他天资聪颖，对数据特别敏感，能记得所有写过的报价数字。他 14 岁时用 5 美金开始投资，15 岁赚到 1000 美元，21 岁赚到 1 万美元，24 岁赚到 5 万美元，30 岁身家 300 万美元。1929 年，美国出现一次历史性的股灾，道琼斯指数在短短两个月内跌掉一半，又在之后的三年内跌掉了 90%。在这次股灾中，利弗莫尔靠做空赚到超过 1 亿美元。要知道，当年美国联邦政府的整个财政收入也就 37 亿美元。所以当时有人将利弗莫尔称作"做空整个美国的人"。

但就是这样一个人，一生的投资之路却跌宕起伏，三次输成穷光蛋，又白手起家。在做空整个美国赚到 1 亿美元之后不到 5 年，他就遭遇了第三次破产，之后又陷入财务和人生危机，最终于 1940 年 63 岁的时候自杀身亡（如图 2-8 所示）。

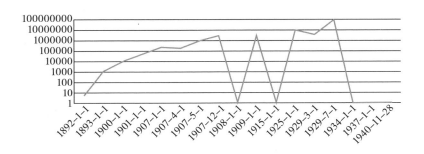

图 2-8　利弗莫尔的资产（美元）

像利弗莫尔这样的投机大师，是投资领域里聪明人的极致代表。这样的人，都很难保证自己全身而退。可见，那些仅靠耍小聪明进入投资市场的人，最终结局都不是很好。因为你的交易对手都是聪明人，你很难保证你永远比所有人都聪明，而只要在某一个时刻犯一次傻，你就可能失去你的全部钱财。谁又能保证自己永远聪明呢？所以，聪明不是理财的优势。

3. 你比别人更勤奋、花的时间更多吗？

私募传奇徐翔能够成功的重要原因之一就是绝对的专注，花费更多的时间专注在股票研究上。据徐翔身边人介绍，徐翔每天研究股市超过12小时，通常情况下，他的一天是这样度过的：每天一早，开始晨会，每位研究员汇报市场信息和公司情况；开盘后进入交易室，交易时间绝不离开盘面；中午一般与卖方研究员共进午餐；下午继续交易；收盘后是一到两场路演；晚上复盘和研究股票。除此之外，他几乎没有娱乐和其他爱好，这种勤奋、专注的投资习惯他持续20多年。

其实这种勤奋，是理财领域里任何一个好的专业人员的基本功。我以前负责管理研究所，一个研究员的一天是这样度过的：

6：00—7：00　　起床，吃早餐，上班

7：00—8：00　　看新闻，准备晨会报告

8：00—9：30　　晨会

9：30—11：30　参与策略会、调研、路演、研讨会等/出差

11：30—13：00 客户午餐

13：00—17：30 参与策略会、调研、路演、研讨会等/出差

17：30—22：00 客户晚餐/交流

22：00—1：00　看公告，看数据，写报告

1：00　　　　　下班，回家，休息

他们都是数年如一日，精力高度集中地投入到这个领域里，作为非专业人员的普通投资者，你无论如何都不可能比他们花更多的时间。

4. 你的运气好吗？

墨菲定律在其他领域里可能是笑话，但是在投资领域里，简直就是铁律。

长期资本是一家创立于1994年的对冲基金公司，合伙人包括两位

诺贝尔经济学奖得主——1997 年诺贝尔经济学奖得主 Robert Merton 和 Myron Scholes，前美联储副主席 David Mullis，两位哈佛大学商学院教授，以及所罗门兄弟公司固定收益部门的几乎全部精华骨干，还包括华人传奇金融大牛黄奇辅等，被称为当时全世界 IQ 密度最高的基金公司。

长期资本的策略是赌两类相关资产价差变得足够大时，必然会回归。这个逻辑叫"均值回归"。这种策略是对的，但难度在于，这个价差到多大以及什么时候回归。长期资本利用庞大的数据库计算机模型，能精确地预估到这一点，从而总能在合适的时候介入和退出。但是，这里面也会有意外，就是偶尔这个价差超过预估值的时候还会继续维持甚至短期扩大而不回归。不过，根据模型推演，这个意外出现的概率极低，低到什么程度呢？从宇宙诞生以来每天都交易的话，也未必能遇上一次。

但是，这个极低概率的事件，却真的发生了。而长期资本未对这个意外作任何的准备，所以业绩一泻千里。一群顶级大牛建立的公司，瞬间崩塌在这么一个极低概率的事件上。这件事从另一个侧面证明，聪明不是你理财成功的资源，那么多全球顶尖的大脑照样可能会失败（如图 2 - 9 所示）。

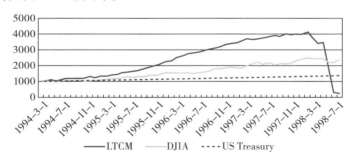

图 2 - 9 长期资本的业绩：赌博的代价

所以，在投资这件事情上，永远不要赌运气。运气不是你理财成功的原因。

那么，剩下唯一的因素就是，你有特殊的资源。

说说看，你有什么资源呢？

5. 真有内幕信息吗？

我们真的能拿到内幕信息吗？很难。内幕信息是我们理财的资源吗？不是。

所谓的内幕信息，在到达你的手里之前已经传播了几十手甚至上百手。你想想看，即便真有内幕信息，原本知道消息的人为什么要把它泄露出去呢？那对他百害而无一利啊，消息传开后人人都去买，原本掌握消息的人如何获利？

股神巴菲特曾经说："有足够的内幕消息和100万美元，你一年之内就能破产。"

当然，我觉得如果这个人再足够"勤奋一点"的话，三个月应该就可以破产了。

那些想要靠着别人推荐股票，甚至想要靠着"秘籍和捷径"发财的人，几乎都是得到了一样的下场——被骗和失败！

如果真有可以快速致富的好事，那大家都会忙着自己偷偷地干。非亲非故的，哪里还有空招呼你啊！

市面上那些短期追涨停板的书，真那么管用的话，作者自己早忙着打板了，还写书告诉读者干嘛？

2000年的时候，贝索斯给巴菲特打电话说："你的投资体系这么简单，为什么你是全世界第二富有的人，别人不做和你一样的事情？"

巴菲特说："没有人愿意慢慢变富。"

所以，所谓的资源并不是内幕信息。

二、真正的资源，是我们人人都具备但却并不在意的东西

1. 赚到钱的"秘诀"

在说资源前，我先问大家一个问题：怎样才能赚到钱呢？

首先，投入的资金量不能太小，得把家里的"大钱"放进来。

赚钱的收益 = 投入的资金量 × 收益率。如果投入的资金量太小，就算收益率高，总体的收益也不会很多。

什么是"大钱"？顾名思义，就是自己最主要的钱，占比最高的钱。

其次，得有长期稳定的复利，控制亏损最重要。

理财中有一句话"一年三倍容易，三年一倍很难"，意思就是偶尔踩中机会涨一波不难，但要持续稳定赚钱是很难的，而赔 50% 就需要涨 100% 才能赚回来。

过去 20 年里，最伟大的价值投资者巴菲特与最伟大的技术投资者桥水基金的达里奥，他们的年化收益率其实也只是 9.57% 和 10.53%，这个收益率不要说跟那些动不动就翻几倍、翻几十倍的"牛人"比，就算与很多公募基金经理比也大大不如。但是他们之所以能长盛不衰，是因为他们大部分年份都在挣钱，亏损的年份很少，亏损的幅度也不大。达里奥的全天候策略在过去 20 年里只有 2000 年一年是赔钱的，而巴菲特也只有在 2001 年和 2008 年小亏（如图 2 - 10、图 2 - 11 所示）。

再以国内公募基金来举个例子，我们来看看 2016 年 1 月 1 日前成立的基金在后面 5 年的历史业绩情况。我们先看 2018 年的业绩冠亚季军基金。2018 年基金全行业下跌，但这三只基金跌幅不大，它们每年的收益走势都比较稳定，虽然在 2020 年基金业绩大年里它们的业绩都不算特别突出，但因为稳定，5 年"长跑"下来，长期业绩排名都在很靠前的位

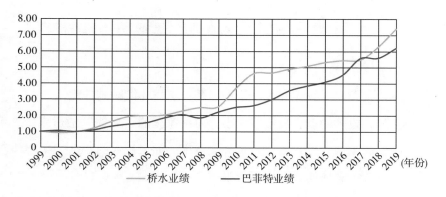

图 2－10　1999—2019 年桥水业绩与巴菲特业绩对比

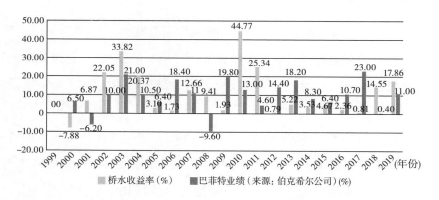

图 2－11　1999—2019 年桥水与巴菲特年收益率对比

置，分别位列 500 只基金的第 35 名、第 38 名和第 5 名（如图 2－12 所示）。

而 2020 年的业绩冠亚军，2020 年的业绩都超过 100%。但是，在过去 5 年中极其不稳定，差的年份亏损超过 40%。所以，5 年下来情况很一般，在所有的基金中排名中游，分别排在第 231 名和第 250 名（如图 2－13 所示）。

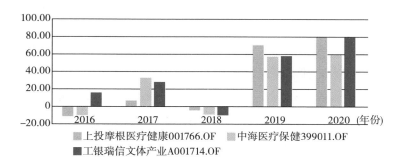

图 2-12 2016—2020 年上投摩根、中海与工银瑞信基金业绩对比（%）

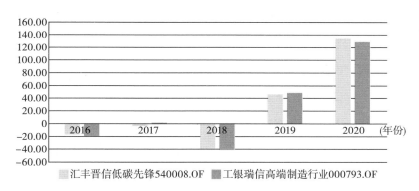

图 2-13 2016—2020 年汇丰晋信与工银瑞信基金业绩对比（%）

2. 基金理财必须有底线

长期稳定的复利好过忽高忽低的高波动，控制亏损是稳定的核心。

基金理财有波动，不同基金波动的差异非常巨大。"有底线"的基金理财，最大回撤能控制在确定性较小的范围内，这样一来理财盈利的年份更多，就算是某一年亏损，也不会亏太多。从感受上来讲，底线就是让我们放进去这笔钱后，即便在最差的情况下也能让我们相对舒适地拿得住。

首先，大钱的基金理财，必须"有底线"。

一个家庭的大钱，往往支撑着家庭的未来，这种钱容不得失误。

无论大钱是家里主要的钱，还是为某种重要目标准备的钱，或者只是一笔金额比较大的钱，这种钱都不能去赌，得有底线，否则轻则影响生活，重则影响家庭安全。所以，**大钱理财必须"有底线"**。

中产家庭尤其需要理财有底线。中产家庭其实是非常脆弱的，所能依赖的只有自身的知识和技能，以及由此产生的家庭财富。这些钱大部分都要用来支付房产、教育、养老、买车、社会活动、给自己充电等现实需求，所以**这些钱只能进行有底线的理财**，否则，任何理财上的冒进导致底线被破，都会直接影响生活。

其次，有底线的基金理财，因为跌得少，回正也就快，因而更容易产生稳定的复利。

还是以前面几只基金为例：

汇丰晋信低碳先锋基金，历史上最长持续下滑3年零4个月（2015年6月到2018年10月），最大跌幅68%，这个亏损补回来（一般叫亏损回正）是在2020年12月，亏损回正周期长达5年半！工银瑞信高端制造行业基金，历史上最长持续下滑3年零7个月（2015年6月到2019年1月），最大跌幅75%，至今其净值还没有回到当初的高点，时间已经过去了5年8个月！这两只基金5年累计收益率仅分别为66%和62%。

上投摩根医疗健康基金，历史上最长持续下滑6个月（2018年7月到2019年1月），最大跌幅27%，亏损回正周期为11个月。工银瑞信文体产业基金，历史上最长持续下滑9个月（2018年1月到2018年10月），最大跌幅20%，亏损回正周期为13个月。这两只基金5年累计收益率都超过170%，远远超过平均值59%。

所以，有底线才能进行基金理财。我们一定得记住：**大钱的基金理财，必须有底线；想获得长期稳定的复利，必须有底线**（如图2-14所示）。

图 2 - 14 挣钱两大条件

所以，要想赚到钱，必须满足两个条件：有底线，敢放大钱；有长期稳定的复利。

长期稳定的复利，首先得"长期"。复利产生作用要有一个时间过程。所以，我们的每一笔钱都能投资一段时间，这个时间，本身就是我们的资源。这一点好理解，就算存款，长期存款也比短期存款利息高。所以，能做长期理财的钱，就不要放在短期理财里，投资期限本身是"值钱"的。时间是理财挣钱的第一个密码。

底线，又叫一个人的**风险承受能力——**这是我们通过理财挣钱的第二个密码。

下面我们花点时间，看看可投资期限和风险承受能力如何成为我们理财挣钱的财富密码。

3. 为什么时间是理财的朋友？

我们先来看一张表，过去 10 年，普通老百姓能买到的各类资产的收益率比较（如图 2 - 15 所示）：

在这些资产里面，房地产收益最高，股票、债券收益排中间，之后是货币基金和银行存款，最后是黄金资产。

这些资产收益率差距的原因是背后投资对象的差异和不同时期的政策导向。所有资产中，房地产公司的累计收益值最高，也是吃到了最大的政策红利。2008 年金融危机后，政府推行宽松的货币政策，推出 4 万亿元的经济刺激计划，大量资金流入地产投资，伴随中国的城市化进程加速，共同推进了房地产行业的火爆。早期在北京买房的投资者更是

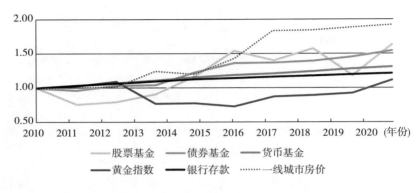

图 2 – 15　2010—2020 年不同资产收益对比

赚得盆满钵满。不过现在政策方向在改变，提倡房住不炒，控制大量资金流入房地产炒高价格，同时城市的楼盘供应已经饱和，房价已经没有了支撑它持续上涨的动力。其他股票、债券和货币基金的收益差异，主要源于它们风险收益的差异，股票是收益最高、风险最大的资产，其次是债券，最后是收益低、风险也低的货币。银行存款则是老百姓最为信赖的投资方式，安全没有风险，因此收益率也最低。黄金资产本身没有价值，更多是作为对冲工具，波动比较大，2010 年到 2019 年的这段时间刚好收益不太好。

我们再延伸一下这张表：理财需要给出复利产生作用的时间，这个时间究竟是多少呢？就是最少多长时间就会产生正收益？

我们用资产回正概率的指标来更好地衡量不同时间里资产产生正收益的能力（如表 2 – 1 所示）。什么是回正概率呢？简单来说，就是一项投资在一段时间内收益为正的概率。比如银行储蓄，无论一天、一周还是一个月、一年，因为利率是固定的，所以理论上每天都会有利息收入，不会有亏损的时候，因此银行储蓄的回正概率就是 100%。

但是，如果我们投资的是上证指数，三个月的回正概率只有 55%，也就是说，如果你投资三个月，那有 45% 的可能性是亏损的；两年回正概率也只有58%，也就是说，如果投资两年，也有42%的可能性是亏损的。

表 2 - 1　不同资产收益回正概率

名称	收益回正概率（%）	
	一年	两年
黄金指数	47.45	51.21
股票基金	65.33	71.14
房地产	88.89	100.00
债券基金	91.24	100.00
货币基金	100.00	100.00
银行存款	100.00	100.00

　　最为安全的货币基金和银行存款流动性最好，收益回正概率始终都是100%。就是说，无论何时卖出都不会亏损本金，虽然获得的收益是低了点，但好歹本金是不用担心的。

　　回正概率排在中间的是股票、债券，其实这些资产单纯流动性倒也不差，老百姓也可以随时变现，但是想要不亏钱的变现可就没那么容易了。通过对比数据，风险低的债券相对而言的回正概率会更高一点，虽然短期内无法百分之百回正，但是长期投资达到2年以上就能回正。通俗地说，就是投资债券资产2年内基本可以回本。其实黄金也是类似的资产，不过因为我们选取的比较周期不够长，刚好这段时间黄金的波动比较大，收益也不够好，所以回本所需的时间最长。

　　最后，特别说明一下房地产，从数据上长期来看，房地产回正概率是不错的。但是，中国人从未经历过真正的房地产周期。房地产周期的特点，是又漫长又凶猛的。涨的时间足够长，涨幅足够大；跌的时间也足够长，跌幅也足够大。历史上房地产回正概率高，是因为我们一直处在上行周期里。如果在下行周期里，可能几年、十几年都未必能回正。

比如日本，房地产指数的高点在 30 年后仍然没有回去，这意味着 30 年都难以回正（如图 2 – 16 所示）。

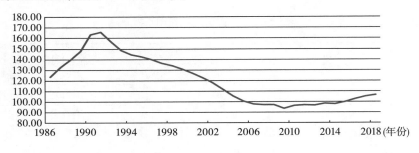

图 2 – 16　1986—2018 年日本房价指数

我们可以做出总结：收益率越高的，需要的变现时间越长。这个变现速度，在金融上叫做流动性。流动性越好的资产，收益率越低，反之则越高。所以，如果你想挣到尽可能多的钱，那就应该"钱尽其用"：越长时间用不到的钱，就越应该放到低流动性资产上去。

其实这才是我们理财能挣到钱的真正资源，这个资源叫做能"投资多少时间"。

我们再来问下一个问题：资金如果能投资比较长的时间，那么放到基金或股票里，就一定能挣到钱吗？

答案是不能。因为还有第二个资源，就是你究竟能承担多少的风险，或你的底线究竟高还是低。

4. 为什么风险承受能力是我们挣钱的资源？

读前面部分的人肯定有个疑问：你说股票和基金收益率不低，又说大部分人没赚到钱，那这个收益究竟到哪里去了呢？

这里面其实是混淆了两个概念，一个叫收益率，一个收益。

收益率是什么？它衡量的是投资的效率，可以理解为最开始投入 1 元钱，到期末时候能变成多少。比如，你投一只基金，一年的投资收益率是 10%，意思是年初你投入 1 元钱到年末时它就变成了 1.1 元。

　　那什么是收益呢？收益衡量的是投资的效果，你肯定投入了不止 1 元钱，可能是 100 元钱，收益指的就是这 100 元钱一共挣到了多少钱。如果你投的是前面那个基金，收益就是 100 × 10% ＝ 10 元钱。

　　看上去似乎没有差别，收益 = 投入的资金 × 收益率，为什么会出现收益率很高，收益却是负的这种诡异却普遍的情况？

　　秘密就藏在这里：

　　收益率这个东西，不是一成不变的，一个月收益率是 10%，但它中间可能经历了这样一个过程：最高上涨到 25%、最低下跌到 －25%（如图 2 －17 所示）。

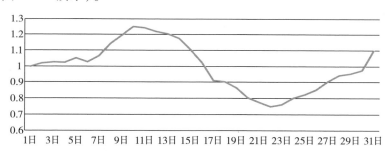

图 2 －17　收益率曲线

　　而我们投入的钱往往是变化的。比如，年初投入了 100 元，中间掉下去之后跑掉了，亏了 20 元；涨起来之后没有及时进来，等到涨到很高了，才又跑进来，但也只赚了 10 元，一里一外，我们当年的投资还赔了 10 元。

　　跌下去就跑了，涨起来再进来，这个在投资上叫追涨杀跌。追涨杀跌是我们赔钱的根源。

　　那为什么会追涨杀跌呢？我们一直在里面待着不就好了吗？

　　问题在于，跌下去的时候，心里很难受，忍不住，怕会继续跌，于是就跑出来了。

那为什么有人会跑，而有人却能坚持呢？

这就是我们每个人都有但每个人都不同的第二个资源，叫风险承受能力。同样期限的资金，能承担更高的风险，就可能挣到更多的钱。

一般我们听到风险就觉得那是坏东西，这是不对的。你能承担的风险叫好风险，因为这个风险可以让你赚到更多的钱。就如拉弓射箭，只有拉开弓弦，才能射出弓箭。风险承受能力大小就是你能拉开的弓弦大小，拉开得越大，射出去就越远（如图2-18所示）。

图2-18　拉弓射箭

现在我们回过头来看前面那几种资产，看看它们在极端情况下会赔多少：

表2-2　不同资产回撤情况

名称	最大回撤
股票基金	-46.28%
黄金指数	-44.67%
房地产	-5.00%
债券基金	-6.85%
货币基金	0
银行存款	0

这里面有个新名词：最大回撤。什么叫最大回撤呢？就是在资产的投资期内，选定区间内任一时点往后推，资产收益净值走到最低点时的下降幅度。通俗解释就是，最极端情况下会赔多少钱。

请大家注意，收益率和最大回撤是密切相关的。赔的时候赔得多，挣钱的时候也就挣得多。你买了东西，但忍不住亏损，那就挣不到那个钱。这个叫理财的"底线"。每个人的每一笔钱，其实能忍受的"底线"都是不一样的。那为什么股民、基民大部分没有挣到钱？那是因为中国的股票基金实在太动荡了，最大时候往往会亏去一半以上的钱，而这个亏损幅度，超过了90%以上普通人的"底线"。他们一定会"被赶出"市场，从而变成追涨杀跌的那部分人。

所以，理财这个东西，首先不要破底线。

三、运用自己的资源，赚到该赚到的钱

现在回到本节课开始的问题：什么叫重视理财？

重视理财，就是要合理理财。何谓"合理"？

首先，要赚到钱。任何理财行为，如果最终赚不到钱，那就首先丢了"理财"这两个字的本质。

其次，要赚到该赚到的钱。放在银行里也能赚钱，但你实际上是在承担隐性的贬值，赚到该赚到的钱，就是要赚到你禀赋范围内最多的钱。

什么叫资源禀赋？就是你的钱能投资一段时间，你自己能承担一定的风险。

对于中产来说，要确保自己阶层不落，确保自己的家庭安全，"合理理财"这个"关"必须得过。

总结一下，什么叫"合理理财"？就是我们不要错误地相信依靠我

们的聪明、勤奋、运气好就能多挣钱，而是要依靠我们天然拥有的资源禀赋——一个人的底线。底线决定了风险承受能力，以及在此基础上能熬到足够的时间来产生复利。通常来说，我们之所以没有通过理财挣到钱，是因为我们没有学会怎么使用这两个资源而已。

第二部分

个性化定制

第一部分的核心是站在客户的立场上理解家庭理财中赚钱的两个来源：时间与风险承受能力。本部分我们要解决的是站在理财服务者的角度，如何分析客户的这两个要素，并根据这两个要素的不同来规划理财方案。这就是"个性化定制"。

能决定一笔资金的可投资期限的是理财目标。有没有具体的理财目标，是划分理财方式的重要依据，据此可将理财分为无目标理财和有目标理财两类。

无目标理财主要通过承担风险来获利。

有目标理财可以通过时间和风险两方面来获利。

无论是哪种理财规划，想要最终落地赚钱，还必须得有一个条件：稳定的复利。

稳定的复利从何而来？资产配置是唯一能提供稳定且比较高的复利的理财方式，它是理财里唯一的"免费午餐"。

资产配置只配置了资产，资产很多，而公募基金是适合大多数中产家庭理财的最好资产。

对于大多数家庭来说，保险其实是防范理财规划被打断的手段——有了合理的保险，你不用为了应对意外而储备大量现金，能有效提高家庭财产的赚钱效率。如果真有什么意外，也不会因为这个意外而中断正在进行中的理财。所以，保险除了"保意外"，更重要的是对家庭理财目标的一个保障，是家庭理财计划得以顺利执行的"防波堤"。

无目标理财里，每个人的风险承受能力不同；有目标理财里，每个人的目标不同。因此，好的理财服务，就像看病一样，必须得"个性化定制"。

第三课 规划好资产的核心与"卫星"

> **要点**
>
> 1. 理财分为无目标和有目标两种。
>
> 2. 家庭的钱可以分为无具体目标但却是主要资金的核心，和有具体目标但占比较低的"卫星"。

一、了解家庭中的无目标理财与有目标理财

大部分钱总是要用的，或早或晚。用钱之前的时间，就是理财的时间。这个叫资金的可投资期限。

资金的可投资期限，是由这笔资金的使用期限决定的；资金的使用期限又是由什么决定的呢？是由这笔资金的使用目标决定的。比如，教育孩子的资金，受孩子上学时间的影响，孩子 10 年后上大学，这笔资金的使用期限就是 10 年，那可投资期限自然就是 10 年。

好，现在请你闭上眼睛，在自己脑子里过一遍：你未来有哪些事情需要用到钱，何时会用到这个钱，这个事情大致需要多少钱。你也不妨用一张纸一支笔把它们写下来，填到下面这个表格里（如表 3-1 所示）：

表3-1   未来支出清单

需要用钱的事	何时用到（未来几年内）	需要多少钱

第一列没那么难，需要用到大钱的地方是可以想得到的。第二列就有点难度了，有些事情是明确知道何时用钱的，有些则未必。第三列则更难一些，很多事情只有个大致的估算数目，有些连估算都很难。因此，我们要用心来制作这个清单。

这就是理财的困境：对于普通人来说，要准确预估资金使用期限和金额其实是件很难的事情。因为有些人生目标是有明确期限的，比如孩子的教育、自己的养老等，有些目标可能只有模糊的计划，比如买房子、买车，但还有一些目标可能并不明确。然而，即便有明确的人生需求，究竟需要多少钱，需要准备多少钱，这些其实都是不确定的。

所以，中产家庭的大部分钱，都是"无目标"的，这个"无目标"，不是说钱本身没有使用需求，而是说在中产家庭心目中，并不会把钱具体划分为做这个的钱或做那个的钱，而是混在一起共同考虑、共同管理的。**不考虑具体钱要用来做什么、从而没有特别明确的投资期限的，这种理财叫"无目标理财"；考虑具体钱的用途、从而有较为明确的投资期限的理财叫"有目标理财"。**

二、无目标理财是家庭理财的核心

人的一生就像一幅长卷，边走边展开。我们大致知道这幅长卷会有什么内容，也会为自己的这幅长卷做一些规划。但这幅长卷的具体场景会是什么样子，不到跟前，其实很难明了（如图3-1所示）。

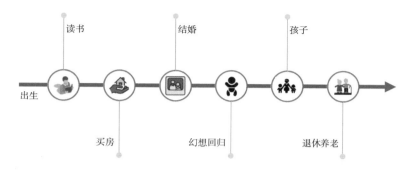

图 3 - 1 人生长卷上的场景

我们知道人生会经历结婚、生子、生、老、病、死等。但是，结婚怎么结？生子养子会经历什么？养老怎么养？这些事情，都很难在很早的时候就规划好。人生不是一场戏剧，更不是一个拧好发条的时钟，不可能在很早时候就精确地知道未来会发生什么，需要准备什么。

人生画卷上的这些场景究竟需要花多少钱、需要准备多少钱、怎么管理这些钱，要在很早就能明白并预备好，这其实是不现实的。大部分家庭对此都只有一个笼统的概念，知道得为这些方面准备钱，但很难会把自己的钱早早地一份一份分开。大部分人都是快到事情要发生时才单独把这部分钱拆解出来，因为事情就在跟前了，自然也就大致知道需要多少数额了。比如孩子的教育问题，假如一生下来就为大学准备学费，孩子未来会上什么大学？在国内上大学还是在国外上大学？前后的学费差距可能是几十倍。那怎么准备呢？如果非得要准备，大概也就是准备个心理安慰，要么太多要么太少。所以大部分家庭会有这笔钱，但这笔钱其实也是与家庭的总体资产混在一起管理的。上高中了，未来走向哪里大致有数了，再单独拆出来准备好。

所以，大部分时候，家庭的钱都是无目标的，这部分无目标的钱也是整个家庭理财的"大钱"，是核心。

前面一节课讲到，理财中要挣到钱，一是要承担一定风险，二是要持有一定的时间。无目标理财既然是"无目标的"，理论上就不能明确具体的使用时间，可以认为这个时间既是"无限长"，也可能是"随时用"，那时间这个财富密码就不能起作用了。所以，无目标理财要赚钱，主要依靠的是个人风险承受能力。

三、有目标理财是家庭理财的"卫星"

有目标理财，最主要的特点是资金使用目标明确，所以大部分时候使用期限也较为明确。

部分有目标理财是直接与人生目标挂钩的，比如养老、教育、旅游等，就是解决在有目标理财里面，达到目标的确定性显得尤为重要，而"有底线"就是保障目标确定性达到的关键。

还有些有目标理财可能是不直接与人生目标挂钩，但也有相对明确的要求，比如期限、收益期望等。最典型的是："我有一笔钱，想挣到多少钱；我希望的投资收益率是多少；我希望收益率能战胜什么"。

还有一类理财，虽然不能具体与人生目标挂钩，但是有阶段性的投资目标，比如：想抓住市场热点的，想博一把短期收益的，这些也可以算是有目标理财。

有目标理财的钱来自无目标理财——在目标明确前，这笔钱是在无目标理财里，只要目标清晰了，满足这个目标所需的钱，就会从无目标理财中拆分出来。

为完成一个目标，肯定需要一个过程，在这个过程中，是多笔投入还是一次性投入，如果是多笔投入，那又是按照什么样的方式进行投入，是等比例还是根据照变化过程按比例投入，这个要素叫"投入方式"，也是要考虑的。

在理财魔方的产品体系中，核心需求是由智能组合进行管理的，其他各种组合都用来满足"卫星"需求的（如图 3 - 2 所示）。比如基于期限的活期组合和稳健组合，基于人生目标的养老教育组合，基于短期收益需求的热门组合，基于资金归集模式的低估值智能定投组合等。

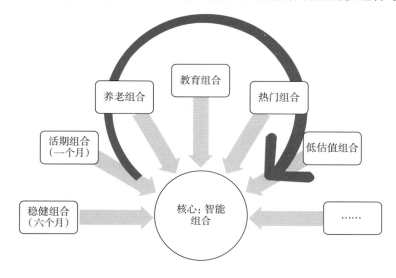

图 3 - 2　有目标理财

理清了家庭财富规划的基础概念之后，从下节课开始，我们将详细讲解如何以风险承受能力为基础规划自己的无目标理财，以及以期限或清晰的目标为基础规划自己的有目标理财。

第四课　如何衡量自己的风险承受能力?

要点

1. 每个人的风险承受能力都是不同的，同一个人在不同时间的风险承受能力也是不同的。

2. 每个人的风险承受能力与客观条件和性格要素等有关。

一、什么是风险?

1. 看不见的风险

本节课，我们先讲讲怎么衡量自己的风险承受能力。在说这个之前，我们先得解决一个问题：什么是风险?

有些人说，风险就是有可能赔钱。但股票基金之类的投资品，只要拿在手上足够长时间，一般都不会赔钱，短期掉下去的最后也能回来，那是不是说这种投资没有风险呢？显然不对。所以也有人说，风险就是波动。其实，这两种说法都对了一部分，因为他们虽然说的是风险，但说的是不同的风险。

投资的风险有两种：看得见的和看不见的。比如大家买的固定收益理财产品，购买的时候销售人员就告诉你利息是多少，什么时候付息，什么时候还本。这种有风险吗？有，就是还不了本付不了息。但是这种风险，平时看不见，只有当还本付息的时候，你发现还不了，"哎哟"一声，风险爆发了。

所以这种风险，我管它叫"哎哟"式风险。这种风险不爆则已，一爆就是大问题。所以，大家习惯性地管它的爆发叫"暴雷"，多么形象的称呼！

这种风险同样遵循了高风险高收益、低风险低收益的原则：收益高的，"暴雷"风险自然就大。这种投资，最大的问题是风险性不透明，不爆发之前你看不到。在"暴雷"越来越多的当下，你要选择合适的产品，只能选择那些收益率低的，比如银行理财之类的。至于具体的结果，大家有目共睹，风险低了，收益显然也很低。这就陷入了开始提到的那种困局：你没有用足自己的风险承受能力，所以没有获得足够的金钱回报。

2. 看得见的风险

看得见的风险通常发生在股票、基金等产品上，这种产品叫标准化浮动收益型资产。价格随时变，涨涨跌跌都看得见。跌了压力大，涨了心里爽。这种风险，我们叫"哎哟哎哟哎哟"风险，因为随时都在面对，并不断波动。

这种风险怎么衡量呢？我们引入一个概念：最大回撤。

虽然在之前的章节中讲过最大回撤，但在这里我再强调一次：最大回撤，顾名思义就是一项投资的资产价格在一段时间内承受的最大下跌幅度。比如银行储蓄，无论一天、一周还是一个月、一年，因为利率是固定的，所以理论上每天都会有利息收入，不会有亏损的时候，因此银行储蓄理论上的最大回撤就是 0。

但是，如果我们投资的是上证指数，历史最大回撤为 -52.30%，也就是说，如果你从 1991 年上证指数成立开始跟踪并投资，那最坏的

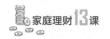
情况是一笔投资亏损52.30%。

所以，我们想要投资，就要把最大回撤控制在一个比较确定的范围内。比如前面测试出来的个人风险承受能力等级，我们跟踪下来，每个等级的人大约能承担的最大回撤风险如下（如表4-1所示）：

表4-1　理财魔方不同风险等级的预期最大回撤值

	风险等级4	风险等级5	风险等级6	风险等级7	风险等级8	风险等级9	风险等级10
预期最大回撤	-2.95%	-4.00%	-5.79%	-8.01%	-10.41%	-12.58%	-15.02%

总结：风险就是在极端环境下资产会亏多少，即"最大回撤"。这个亏损可能会"一去不回"，也可能会"去而复返"，前者是实亏，后者是波动。

明白了这个问题，我们就可以接着解决第二个问题。

二、如何衡量自己的风险承受能力？

1. 了解风险承受能力的本质

对于风险承受能力的衡量，我们首先需要明确两个基本事实：

一是风险承受能力是完全个性化的。

市场中不同投资者的风险承受能力差异很大，有的人亏损15%还泰然自若，有人只亏损1%就怅然若失。

这种个性化，也与资金的使用目的有关。孩子教育的钱经不得亏损，但旅游的钱亏多了去近处，挣多了去远处，没有太大关系。

我们可以参考理财魔方的用户数据更好地说明这一点。理财魔方的智能组合产品有10个不同的风险等级供投资者选择，我们统计了不同等级持有用户的比例分布图（如图4-1所示），可以看到不同用户间风险承受水平还是有差异的，每个等级都有对应风险承受能力的用户持有。相对而言，风险等级在 5～8 级之间的用户更集中一点（占比在 70% 左右），也就是说，大部分客户能承担的最大回撤在 5%～10% 左右，超过就会有心理崩溃的风险，而这个能力远远低于目前股票和股票基金实际的最大回撤。

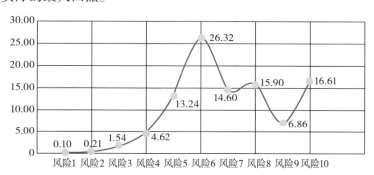

图 4 - 1　理财魔方不同风险等级持有用户分布图

二是风险承受能力是可变的。

每个人的风险承受能力都是个性化的，同时也不是一成不变的。刚毕业和工作 10 年后、单身和结婚后，风险承受能力是不同的。

那么，都有哪些因素会影响风险承受能力？一般说，来自三大组数据：客观要素、主观要素、情绪要素。

2. 影响风险承受能力的客观要素

在财富管理中，所有这些客观要素又叫财富阶段。比如多大年龄、挣多少钱、几个孩子、几个房子等。从客观方面来说，一个人的风险承受能力主要受如下几个因素的影响：

（1）年龄的影响

从人的一生来看，年轻的时候多数人具备收入能力，即使遭遇到市场大幅下跌，年轻人也具备时间和能力来减少损失，等待长期收益；而老年人收入来源主要为固定的退休金，没有太多的预期收入，因此风险

承受能力更低。

（2）收入预期的影响

收入预期越高的投资者，风险承受能力越强；相反，收入预期越低的投资者，风险承受能力越低。

（3）财富积累的影响

财富累积越多，拥有房产、汽车更多的人，钱对于他们的边际效用是递减的，因此风险承受能力相对更高。相反，财富积累少的人则风险承受能力较弱。

（4）资产投资比例的影响

资产投资比例越大的投资者，市场下跌时对于自己整体财富的影响越大，心理压力就越大，风险承受能力就越弱，反之则风险承受能力越强。

3. 影响风险承受能力的主观要素

年龄等客观因素对风险承受能力的影响是直观的，但在实际投资中，即使客观因素相近的投资者，最终的投资行为还是会有比较大的差异，这与不同用户的贪婪水平、恐惧水平、理智程度和理财经验等主观要素有关。

美国资深理财规划师卡尔·理查兹可在他的理财书籍《理财最重要的事》中，结合自身多年的实践经验，总结出理财最重要的事：克服情绪的影响，制定适合自己的理财规划。

因此，理财实际上就是一个与自己的贪婪和恐惧情绪做斗争的过程，斗争成不成功，主要看个人的投资性格。

什么叫投资性格？其实就是影响投资动机、风险偏好、心理承受能力等的一些性格要素，是间接影响一个人投资行为的内部要素。这些要素，也可以叫做财商。

　　财商包括哪些方面呢？一般来说，主要包括四个方面：贪婪水平、恐惧水平（损失耐受度）、理智程度和理财经验。

　　当然，在实际中可能难以单方面判断自己的性格特征，我们也特意为大家提供了一份测试问卷，大家可以通过理财魔方专业设置的问卷调查，明确自己的性格特点，以便更加准确地了解自己的风险承受能力（参见附件，或下载理财魔方 App 来进行风险承受能力测评）。

　　关于情绪的部分，我们将在后面的篇章中单独进行讲解。

　　4. 附件：理财性格测试调查问卷

第一部分　贪婪（承担风险的意愿）

比较机会与风险时，会优先选择争取机会还是防范风险？

（1）如果在沙漠里见到一口似乎已经废弃的水井，井口上有半壶水，旁边有一行字：将水倒入压水机就可以压上水并装满水壶，你会选择带走半壶水还是用这半壶水倒入压水机去尝试打水？半壶水可能不够支持你走出沙漠，但水倒入压水机也可能打不出来水。

　　选择：A. 带走　　　　　　　　B. 打水

（2）如果在沙漠里见到一口似乎已经废弃的水井，井口上有一壶水，旁边有一行字：将水倒入压水机就可以压上水，请你装满你的水壶后再把这个壶装满水方便后来者打水，你会选择带走这壶水还是用这一壶水倒入压水机去尝试打水？

　　选择：A. 带走　　　　　　　　B. 打水

　　答案：BA 得 4 分，AA 得 3 分，BB 得 2 分，AB 得 1 分。（这个题其实是测试前面一个答案是否真实的。如果第一题答打水，这个题选择带走，则第一题答案可信；如果第一题选择打水，这个题选择打水，则第一题答案不可信；如果第一题选择带走，本题选择带走，则第一题答案可信；如果第一题选择带走，本题选择打水，则第一题答案不可信。）

面对短期收益和长期收益，是倾向于短期还是长期？

（3）你参加一个酒会，非常口渴，侍者的托盘上有两个杯子，一个已经有 1/3 杯水，另一个是空的，但侍者会倒入水，这时候有人过来准备拿水，你会抢先拿走那 1/3 杯水还是会等侍者倒完后拿另一杯？

选择：A. 拿走　　　　　　　B. 等待

答案：A 得 1 分，B 得 4 分。（会选择到手的低收益还是等待选择不确定的高收益？前者风险承受能力低，承担亏损的时间短；后者风险承受能力高，承担亏损的时间长。）

（4）如果你选择等待，这时候突然有个人也站在旁边等侍者倒满那个杯子，你会怎么办？

选择：A. 选择先拿走那 1/3 杯水　B. 选择等待

答案：A 得 −2 分，B 得 0 分。（测试第一题答案是否准确，如选择等待则准确。否则，不准确，答案负值。）

（5）两个机会：一个是 15% 概率会盈利 60%，一个是 60% 概率会盈利 15%，你会选择？

选择：A. 15% 概率盈利 60%　　　B. 60% 概率盈利 15%

结果：A 则总分不变，B 则总分降低 20%。（前四题是用来校验这个题的答案的。）

第二部分　恐惧（承担风险的能力、抗压能力）

（6）当身体某部分出现不适时，你的第一选择是？

选择：A. 去找医生　　　　　　B. 等等看

结果：A 得 2 分，B 得 1 分。

（7）如果在海上遇到船难，你不幸被海水冲到一个岛上，岛上食物匮乏，如果要活下去，只有生吃青蛙，也可以选择抱木头逃生，但逃生概率只有10%，你会选择？

选择：A. 生吃青蛙活下去　　　　B. 逃生

结果：A得1分，B得2分。（一般人会觉得逃生是抗压能力强的表现，其实不是，从人的认知来说，对逃生的风险是没有直接感受的，生吃青蛙的感受更强烈直接，所以选择逃生的人，是在逃避吃青蛙这个感知上完全不能接受的选项。）

（8）你的投资最大能承担的亏损是？

选择：A. 5%　　　　　　B. 15%　　　　　　C. 30%

结果：A得4分，B得2分，C得0分。

（9）如果你的投资亏损了x%，你可以选择认赔出局，也可以选择等待，等待的结果会有60%概率赚回来，也会有40%概率会赔到15%，你会怎么选择？

选择：A. 认赔出局　　　　　　B. 选择等待

结果：选A则第8题分值不变，选B则第8题分值为－1。（这个答案是为了确认上一个答案的可靠性，如6、7题总分为4分，则8题中选择15%和30%的答案相应减分2，如6、7题总分为3分则相应减分1，如6、7题总分为2分则不减分。）

第三部分　理智程度

（10）你选择理财魔方的理由是？

A. 只是听别人推荐说不错（0）

B. 分析了一下，觉得符合自己的需求（2）

（11）如果要购买一个理财产品，你会选择什么途径？

A. 先去找销售人员咨询（0）

B. 先找相关资料自己看（2）

（12）你周围的人怎么评价你？

A. 热情而敏感（0）　　　　　　　B. 有条理、有目标（2）

（13）你会经常回顾你在投资中的成败吗？

A. 否（0）　　　　　　　　　　　B. 是（2）

第四部分　理财经验（理财技能）

附表1　理财能力维度描述

理财能力维度	描述
长期规划	能够做到规划资金用途，分清长短线，分散投资
风险意识	始终保持对交易标的和高收益背后风险的敏感
资讯了解	关注金融热点资讯，对不了解的知识主动学习

（14）你有几年理财经验？

A. 少于1年（0）

B. 1~3年（1）

C. 3年以上（2）

（15）你有几年股票/基金投资经验？

A. 少于1年（0）

B. 1~3年（1）

C. 3年以上（2）

（16）今天是发薪日，你拿到了上个月的工资会选择如何处理呢？

A. 预留下生活必需开支或偿还信用卡，其余的放入货币基金（1）

B. 购买自己一直想买的东西，只留下生活必需开支和一点余钱（0）

C. 为工资做好理财规划，短期的随用随取供生活应急，长期的不轻易动用（2）

（17）父母积蓄的银行定期存款到期了，希望将钱拿出来做长线投资获得较高的收益，你作为子女会如何帮父母操作？

A. 挑选收益较高安全性有保障的固收类银行理财产品（0）

B. 全部用来购入货币基金（1）

C. 将资金分散到不同风险收益的产品（如不同类型的股票、基金）中（2）

（18）你在视频网站看网剧的时候，看到某理财产品的广告，里面有你喜欢的演员，正好你也有理财的需求，对广告中8%起的固定年化收益率非常心动，你会怎么做？

A. 有喜欢的演员做广告应该比较靠谱，可以买一点试试水（0）

B. 收益往往伴随着风险，如果购买要了解该产品是否可能会亏钱（1）

C. 在国家"去刚兑"的情况下，对固收理财产品要持警惕态度，首先得了解投资的去向（2）

（19）你非常要好的朋友找到你，希望你能借钱给他去做民间贷款，承诺你保本金，给的利息也非常高，你会怎么做？

A. 好朋友是有发财的机会拉上我一起，不能错过这个赚钱机会（0）

B. 向朋友仔细了解其中的运作方式，如果靠谱可以借一点（1）

C. 高息民间借贷风险太高，绝对不参与，也尽量劝朋友远离（2）

（20）最近CDR（存托凭证）基金开始认购，但是部分自媒体的报道风向是"独角兽吃韭菜"等，对其非常不看好，作为投资者你会怎么做？

A. 一些线上的投资群里其他投资者也不看好，我可不能冲进去当"韭菜"（1）

B. 学习了解CDR的概念和规则，根据对基金的判断确定是否买入

（2）

C. 向身边做投资的人了解询问一下，如果买的人多就跟着买（0）

（21）有人感叹作为投资者跟高三似的，过一段时间就要学习新概念：区块链、量子通信还有突然爆红的 CDR 等，你是怎么看待的呢？

A. 有自己坚持投资（定投）的标的，对这些新事物不太关心（0）

B. 主动去了解并咨询有经验的人，发掘新的投资机遇（2）

C. 对新概念有点不太能理解，稳妥起见不了解就不投资（1）

分数计算说明：

首先算4个单项，之后对每个单项做标准化，确保各大项的最高分相同，恐惧度需要单独处理为负值，总分的计算：1×贪婪＋2×恐惧＋2×理智＋2×理财技能。

最后结束问卷调查，通过分值的大小来看一下我们自己的风险承受能力。我们把分值分为5档，为了更形象理解不同分值的区别，我们也引入形象的身份，以便更加直观地表明其中的差异。

· **节度使**　分值范围（3.2～4.5）虽然是身无分文地穿越回去，但凭着你极强的进取心、极高的风险耐受力、极强的理性和全面的理财知识，您会很快变成主政一方的封疆大吏，麾下谋士如云、战将如雨、域内风调雨顺、人民乐业安康，对外保境安民，敌人望风披靡、远遁三千里。你每天要做的，就是羽扇纶巾，谈笑间扇灭火焰山……你是女的？女的不可以做女皇吗？

· **大财主**　分值范围（1.9～3.2）虽然是身无分文地穿越回去，但凭着你较强的进取心、高风险耐受力、较强的理性和全面的理财知识，你会很快变成一个地主老财，家大业大、骡马成圈、金银成库、米面成仓、妻妾成群……你每天要做的，就是半夜三更爬起来钻进你家鸡窝里……什么？如果你是女的，女的也是地主婆啊！

·绸缎庄老板 分值范围（0.6~1.9）虽然是身无分文地穿越回去，但凭着你较强的进取心、谨慎稳妥的性格、多变的手段和超过一般人的理财知识，你会很快变成一家绸缎庄的东家，在城市中心有一家数一数二的大铺子，雇了十几个伙计，出门有排场，进门有小厮……你每天要做的，就是捻着胡子坐在柜台后面数钱……什么？如果你是女的，女的也是老板娘啊，年轻漂亮的老板娘就不爱数钱了吗？

·乡绅 分值范围（-0.7~0.6）虽然是身无分文地穿越回去，但凭着你谨慎、机敏、踏实的为人以及广博的见识，你会很快变成一个在当地很有影响力的土豪，有几十亩地，不愁吃穿；有几个长工，不用自己下地。你每天要做的，就是泡上一壶茶，躺在田边的竹椅上盯着长工干活，琢磨怎么把隔壁老王家的地给并购过来……什么？如果你是女的，女土豪更厉害啊，都不用花钱就把隔壁老王解决了。

·教书先生 分值范围（-2~0.7）虽然是身无分文地穿越回去，但凭着你的聪敏、踏实、谨慎和学识，你会很快考上秀才，拥有自己的儿童教育工作室"三味书屋"，每天盯着一群弟子念书写字，瞅谁不顺眼就打他板子。你唯一需要注意的是盯紧那个在桌子上刻"早"字的小子，好好待他，不要打他，他以后会是个超级网红，万一记仇就不好了……什么？如果你是女的，女秀才可以去考状元啊，说不定能变成女驸马呢！

第五课　有目标理财如何规划?

要 点

1. 有目标理财的核心是确认资金使用的期限、安全性和收益预期。

一、中产家庭建立有目标理财的必要性

1. 理财现状堪忧的中产家庭

既然说到中产家庭，我们需要对中国的中产家庭有清晰的认知。咱们的中产群体可能是社会中最煎熬的阶层，想跃层难于上青天，但却随时面临着消费降级的风险。

中产家庭的资金首先要保障生活，其次才是保障生活品质的持续提升，中产家庭可自由支配的资金有限，需要量入为出。比如1万元，作为中产家庭成员，你必须考虑怎么分配，花在哪里效用才能最大化。高净值家庭则完全不用考虑得这么细致。

随着经济发展，中产群体逐渐成为社会的中流砥柱，但当下中产群体的理财现状堪忧，即便说高达90%的家庭都已经走入误区也不为过。作为中产家庭的一员，我们当下通用的做法是，当手中有一笔闲钱的时候，会考虑在风险适当的前提下，追求收益率最大化，买理财、买基

金、投股票或者购买智能组合类产品等。上述行为在本质上是投资行为，即为自己定制风险，定制期限，选择优质资产，实现收益最大化。这种理财行为放在高净值家庭无可争议，但对中产家庭则完全不合适，因为中产家庭没有闲钱。中产家庭是还没有实现财务自由的家庭，每一分钱都是有去处的，都是为了保障日常开支，维持生活品质的。所以中产家庭理财，首先要确定资金用途，再明确理财目标。这笔钱是给小孩读书的？日常开销的？未来换房的？旅游度假的？不同的用途，必将带来不一样的理财行为。

2. 没有理财规划造成的三大风险

如果没有明确的资金用途，没有建立理财目标，没有进行有目标的理财，会承担了三大不必要的风险，导致资金链断裂，甚至造成难以挽回的损失，最后消费降级，影响子女，拖累老人。

风险 1：期限错配

案例 1：有位客户，2015 年初买了 2 年期信托，2016 年换房，东拼西借，耽误了购房时间。2016 年正是房地产牛市，一线城市房价接近翻倍，隐形损失高达百万。

案例 2：魔方的老用户，给孩子存了笔出国的教育金，是某银行随存随取的理财产品。接触家庭理财计划后，我们的顾问发现用户的孩子才 8 岁，这笔钱 5 年内用不到，置换成期限更长的品种，就可以获得更高甚至翻倍的收益。

两个案例中，用户都是错配了自己投资产品的期限，拉长或者缩短了投资期限，导致自己要么需要用钱时没钱用，要么不需要用钱却没能把钱拿去有效投资，让自己白白遭受损失，或者眼睁睁地错过更大的收益。

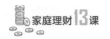

风险 2：风险错配

2015 年股票市场出现牛市，证券公司门口开融资融券的人排起长队，大批投资者压上身家满仓后，再通过券商融资、配资公司融资以及借钱投资，最后输得倾家荡产。

这些被输掉的钱，有的是孩子的教育金，有的是退休养老金，有的是换房资金。如果在这之前，明确资金用途，建立起理财的目标，开启了专款专账户，对自己的资金进了科学理性的管理，怎么可能出现会拿孩子的钱、养老的钱、换房的钱去赌去博的现象呢？

比如孩子的教育金，资金用途决定了它需要更安全，我们不能等到孩子用钱的时候说：这钱被爸爸妈妈投资失败亏掉了。比如换房的钱，应该有个较为明确的使用期限，在不确定的高风险市场，入市前你必须先认真考虑好如果被套了怎么拿出来这个问题。

所以，作为中产家庭的一员，我们马上就得行动起来，建立专款专账户，科学管理每笔钱。否则钱混在一起，用途就很容易漂移，一旦风险错配，会造成难以挽回的损失。

风险 3：资金错配

有位客户是暴富的拆迁户，理财无规划，一年挥霍了几百万。没等几年，他的日子就过不下去了。

因为没有做理财规划，人生一塌糊涂的例子不胜枚举。正确配置资金，可以成倍提升资金使用效能，这甚至比提升投资收益更重要，也更容易实现。经济学里有一个效用函数的概念，以食物为例进行说明，当你吃 1 个单位的食物会感到满足，吃第 2 个单位的食物满足感就减弱了，吃到第 5 个单位以上时，甚至会感到厌恶，这叫做边际效用递减。

食物由于自身的特性不好保存，无法把多余的食物放在未来更需要的时候，但钱可以。因此，我们可以把现在闲置的钱拿出去配置，等到未来某个急需用钱的时刻救急，这些钱给你带来的满足感会成倍提升。

3. 有目标理财的分类

有目标理财通常有三种：

一种是直接与人生目标挂钩的，是最经典意义上的有目标理财。

一种是不直接与人生目标挂钩，但大致伴随生命周期进步的资金使用计划，比如常见的零花钱－保本钱－盈利钱这种短期、中期、长期资金划分计划。

第三种是基于投资甚至投机需求，面向的是更短期的心理满足需求，比如博一下短期收益的投资。这其实就是本书开篇讲的那种投资资金。涉及如何投资的书籍汗牛充栋，本书就不再深入讲解。

二、第一类有目标理财——与人生目标挂钩的心理账户

1. 心理账户的概念

心理账户的概念是 1980 年由芝加哥大学著名行为金融和行为经济学家理查德·萨勒（Richard Thaler）首次提出，萨勒也于 2017 年获得了诺贝尔经济学奖。他认为，心理账户为投资者系统提供了决策前后的损失—获益分析，同时也介绍了特定心理账户的分类方法，资金可以根据来源和支出划分成不同的类别（住房、食物等），消费则受制于这些特定账户的预算，最后这些账户可以按照一定的频率进行调整。整体而言，心理账户其实就是人们在心理上对结果的编码、分类和估价的过程，它揭示了人们在进行财富决策时的心理认知过程。

在理财实践中，我们整理出目前比较普遍的一些心理账户（如图 5 - 1 所示）。需要说明的是，心理账户是一个相对比较成熟的理财观念，仅仅知道要用这些钱，但不能确定究竟需要用到多少，不能理清大致何时要用，这种模糊的需求并不能成为一个独立的心理账户。比如，

很多人知道未来孩子要用钱，但对于一对青年夫妻来说，需要用多少，何时用，这些都属于未知数，这种状况就不能定义为心理账户。

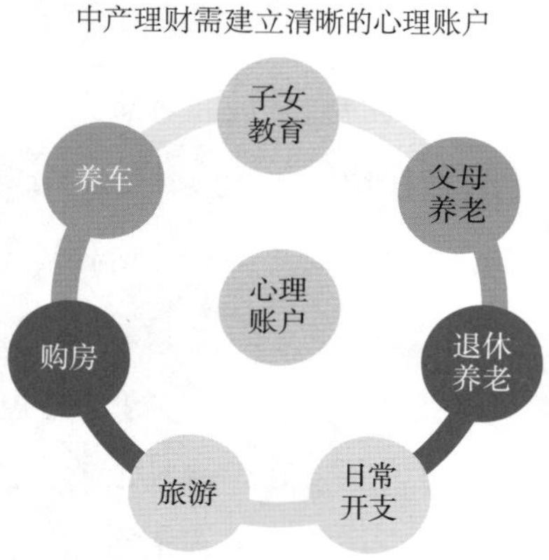

中产理财需建立清晰的心理账户

图 5 - 1　常见的心理账户

4. 几种典型的心理账户

（1）教育账户

只要有孩子，何时要用到教育费用，大致需要多少钱，在父母的心里是比较明确的。在这个竞争越来越激烈，压力越来越大的社会，每对父母都想给孩子在未来提供一份保障。因此很多家长都会额外储蓄一份钱，专门用于子女未来的教育使用。这个就是教育账户，这个心理账户是比较成熟的。

当前市场上，专门用来满足教育需求的理财方式或产品有两种：

银行理财：银行推出的跟少儿教育相关的理财产品，它的收益率一般在4%左右，要比定期存款利率高。家长购买后，如果持有到期，收益可以拿到。但是，这类教育理财产品期限比较长，如果家长们因为一些事，急需用到钱，提前终止，它的收益率会大打折扣，低至2%左右。

教育金保险：保险公司推出的教育金保险产品，具有理财和保险的功能。保险方面,购买教育金保险产品,有一些原来比较贵的医疗保险可以以附加险的形式出现,享受更低的价格。但在理财方面,保险产品的收益水平偏低,一般核算下来年化在2%~3%。同时,此类产品还有封闭期,万一真的有突发情况需要用钱,是没有办法提前取出,灵活性比较低。

除了这两种产品之外,有没有其他的方法来更好地满足家庭的教育需求?有的。那就是按照时间来进行规划和管理的基金组合。比如理财魔方的一个子女教育组合(如图5-2所示):

图5-2 理财魔方子女教育组合展示

这个心理账户应该如何建立呢？

首先，收集数据，设定投资资金的规模与年限。

设立子女教育组合，首要需要明确家庭在子女教育账户中总计投入的资金，从而分拆到每年要积攒多少钱、总共要积攒多少年（如图5-3所示）。

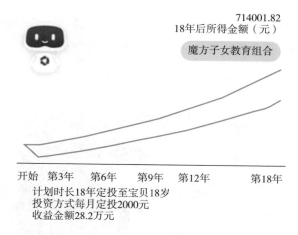

714001.82
18年后所得金额（元）

魔方子女教育组合

开始　第3年　　第6年　　第9年　　第12年　　　　第18年
计划时长18年定投至宝贝18岁
投资方式每月定投2000元
收益金额28.2万元

图5-3　理财魔方子女教育组合规划投资时间、方式和金额的展示

其次，配置方案，严控最大回撤，平滑收益曲线，实现长期稳定收益。

具体的资产配置方案落地过程，我们在后面第10课的内容中会讲到（如图5-4所示）。

最后，动态调整，采用目标周期策略灵活满足用户需求。

用户在教育组合的长期投资中，情况会随时变化，需要定期对家庭的教育需求进行复盘和调整，并以此为基础调整配置方案。

图 5 - 4 理财魔方子女教育组合配置展示

（2）养老账户

迟暮之年老有所依、老有所养是所有人的心愿。退休生活，约占人一生时间的 1/3。在这个阶段，人没有了主动收入，全靠被动收入来维持自己的生活品质和养老尊严。所以，提前规划养老非常必要。

但现在我国面临的养老状况并不是很乐观。

一方面，社保资金可能出现赤字、面临无养老金可领的情况。社保是把我们现在交的钱给现在的退休人员发，换句话说，当我们从经济生产线上撤退的时候，我们的生活，就要寄托在后一代经济制造者们的身上。但中国目前的人口出生率并不乐观，2000 年以来，我国的生育总数和生育率都在持续下降。根据国家统计局的数据公报，2019 年我国

出生人口就比 2018 年减少了 58 万人，也是 2000 年以来的最低值（如图 5-5 所示）。持续下降的出生率必将影响未来社保资金的积累，在一个老龄少子的社会，社保基金必然走向赤字。

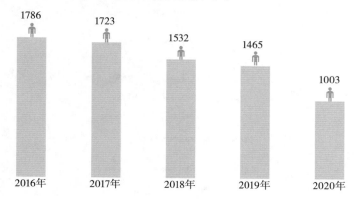

图 5-5　2016—2020 年中国出生人口数（万人）

　　另一方面，延迟退休会进一步缩减领取养老金的期限，增强养老的迫切性。最新公布的"十四五"规划和"2035 远景目标纲要"明确提出将逐步延迟法定退休年龄，这意味着我们领取养老金的日子又得向后推迟。

　　因此，未雨绸缪，提前建立自己的补充养老计划非常有必要。一个养老账户的建立过程，其实与教育账户相类似。具体的流程，可以参看理财魔方 App（如图 5-6 所示）。

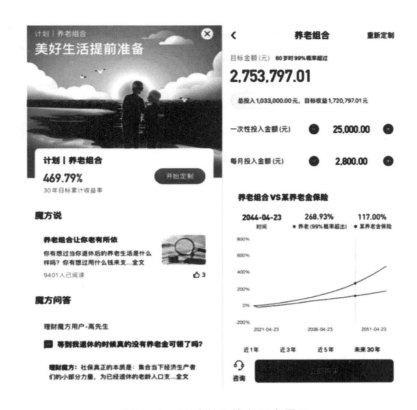

图5-6　理财魔方养老组合展示

三、第二类有目标理财——大致知道期限，但不知道具体用途

第二类有目标理财，其实也是非典型的有目标理财，就是大致知道期限，但没有特别明确的具体用途。这种理财，划分的唯一依据是期限。

1. 资金的期限

我们在第3课里讲到，闭上眼睛，在自己脑子里过一遍：你未来有哪些事情需要用到钱，何时会用到这个钱，这个事情大致需要多少钱。你也不妨用一张纸、一支笔把它写下来，填到下面这个表格里（如表5-1所示）：

表5-1　未来支出清单

需要用钱的事	何时用到（未来几年内）	需要多少钱

我们也说过，这个事情挺难。

现在，我们把这个表升级一下：把需要做的事情大致区分出来，是需要今年做，还是未来三五年做，还是更长时间做。这样，填这个表的难度一下子降低了很多（如表5-2所示）：

表5-2　明确时间的未来支出清单

人生目标清单			
明确时间清单			模糊清单
今年	未来3~5年	未来5~15年	××年以后
全家出国旅游一次	孩子上重点中学	孩子上重点高中	自己储备养老资金
给自己买心仪已久的游戏机	换宝马车	孩子出国留学	旅游走遍欧洲
给老婆买香奈儿包包	给爸妈购置保险	父母养老	拥有看到海的房子
给爸妈买按摩仪		换个面积更大的房子	
给小朋友报钢琴班			

其实，这个表还是不容易填。主要原因是，有很多项目模糊地觉得有，但是并不明确，明确的项目又很难知道具体的金额是多少。

好，我们再简化一下。

简单地把需要支出的钱，以按期限来进行划分，分成三笔：

随时可能用到的钱（一年内要用到的钱），1~3年内要用到的钱，3年以上要用到的钱。

2. 三部分各分配多少钱？

按照期限，我们将未来要用到的第二类有目标理财简单地分成了三部分。但是分类之后，金额问题仍然没有解决，或者说，我们该如何测算自己这三部分钱应该各占多大比例呢？

通过大量的理财规划实践，我们发现每个人的三笔钱的实际支出都与两个要素有关：一个是年龄，第二个是资金量。

如果年龄、家庭年收入与年支出画一张三维图，这图大约就是这样的（如图5-7所示）：

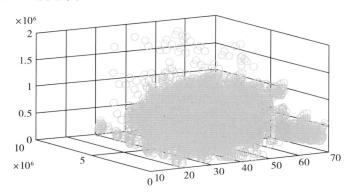

图5-7　年龄、家庭年收入与年支出三维图

分别来看：

年支出与年龄之间是先升后降的关系。这个好理解，人到中年既有钱，需要花费的也多，自己、孩子、老人都是需要花钱的时候。随着年龄变大，支出项越来越少（如图5-8所示）。

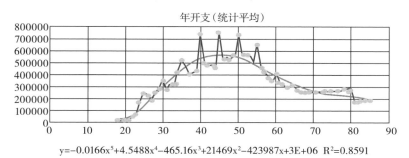

$y = -0.0166x^5 + 4.5488x^4 - 465.16x^3 + 21469x^2 - 423987x + 3E+06 \quad R^2 = 0.8591$

图5-8　年支出统计

年支出与家庭年收入之间是正比例关系。家庭年收入 20 万元以下的时候，基本都会花光，之后会稳定在 20 万~60 万元。大部分家庭的年支出不会超过 60 万元，即便你的家庭年收入 1000 万元，也是如此。很多人会给中产家庭贩卖焦虑，甚至有人说自己家庭年入百万还活得不如狗，这其实都是在贩卖焦虑，家庭需要花的钱没有你想象的那么多。当然，有花得更多的，也确实有年入百万活得不如狗的，那只能说你的规划和管理出了问题（如图 5-9 所示）。

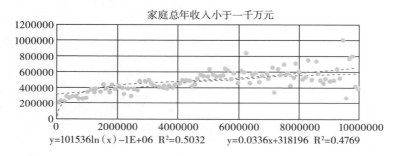

图 5-9　年支出与家庭年收入关系

对于有目标理财的第二类情况来说，未来一年的支出：三年的支出，以及未来三年的支出：未来十年的支出，这两个比例就比较好得出了。我们设计了两张速查表，可以快速查询出来，其中横坐标是年龄，纵坐标是家庭总的可投资资产金额（如图 5-10、图 5-11 所示）：

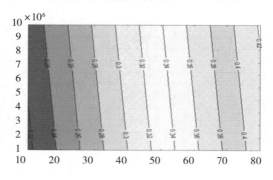

图 5-10　未来一年支出/未来三年支出

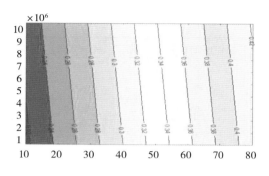

图 5 - 11 未来三年支出/未来十年支出

从图中可以看到，未来一年与未来三年之比，无论年龄如何变动、收入如何变动，这个比值差异不大，大约就是 1：3 的比例。这个很好理解，短期内每年的支出不会有特别大的变化，三年当然就是一年的三倍。

但是未来三年与未来十年之比，则与年龄和收入差距较大。一个 30 岁年收入 10 万元的人，这个比值大约是 1：6.5，而一个 50 岁年入 10 万元的人，这个比值就是 1：3 左右了。如果 30 岁年收入 100 万元，大约就是 1：5 的比例。

如果三个需求结合起来，以一个 30 岁年入 30 万元的人来说，未来短中长期三种资金需求的比例大约就是 1：4：20。

上面这个是理想状况，在实际的理财规划中，这个比例还要保守再保守。所谓保守，就是短期资金一定要充足，确保不会出现眼前没钱花的情况。

根据实际的理财经验，我们做了一个速查表，这个速查表的纵坐标和横坐标分别是年龄和资金量，表内是三种资金配置模式（如表 5 - 3 所示）：

表5－3　三种资金配置模式

	30 岁以下	30～40 岁	40 岁以上
30 万元以上	模式 3	模式 3	模式 2
5 万～30 万元	模式 3	模式 2	模式 1
5 万元以下	模式 1	模式 1	模式 1

这里面有三种经验模式：

模式 1 里，短期∶中期∶长期的比值是 3∶2∶1；

模式 2 里，三者之比是 1∶1∶1；

模式 3 里，三者之比是 1∶1∶3。

比如资金量在 5 万元以下，年龄在 30 岁以下，就应该选择模式 1，即短中长资金三者之比应该是 3∶2∶1。

这就是简单按照资金期限做的一个有目标"卫星"账户体系。

第六课　什么是资产配置？

要点

1. 单资产要么风险低收益低，要么收益高风险高。

2. 要想风险合理收益较高，唯一的途径是资产配置。

3. 资产配置就是不要把鸡蛋放在一个篮子里。

4. 资产配置成功的关键是资产之间的低相关性。

5. 理财魔方的资产配置方法叫"主动全天候"，就是要控制最大回撤，降低波动率，获取合理回报。适合家庭在任何时候将主要的家庭资产放进去。

一、资产配置的介绍

1. 何为资产配置？

在前面几节课中，我们了解到时间和风险承受能力是我们能赚钱的资源。时间如何转化为钱？要通过有目标理财规划、合理使用好资金的期限来实现。那么，风险承受能力如何转变为钱呢？

我们的第一反应，当然是去挑选某一个能满足自己风险承受能力的资产。好吧，我们来看看我们所能买到的各类资产，是不是可以确保你不被击穿（如表6–1所示）：

表6-1　不同资产的历史回撤情况

	近两年最大回撤	历史最大三次回撤
沪深300	-24.45%	-42.73%（2004/04/06~2005/06/03） -72.73%（2007/10/17~2008/11/04） -47.57%（2015/06/09~2016/02/29）
恒生指数	-31.21%	-91.54%（1973/03/09~1974/12/13） -62.64%（1981/07/16~1982/12/06） -66.59%（2007/10/30~2008/10/28）
标普500指数	-33.92%	86.19%（1929/09/16~1929/11/13） 59.99%（1937/03/12~1942/04/27） 57.69%（2007/10/11~2009/03/09） 50.50%（2000/03/24~2001/09/21）
伦敦金现	-15.02%	44.13%（1975/02/28~1976/08/27） 70.36%（1980/01/25~1999/08/20） 45.53%（2011/09/09~2015/12/04）

以上各类资产都存在一个问题：平时看上去回撤都差强人意，可架不住极端情况的发生。当极端情况来临时，最大回撤是远远高于平时的，而我们被击穿和赶出市场，往往就是在这种极端时刻发生。所以，任何单一资产都很难保证你不被击穿。如果要保证，你就又陷入了前面的问题：因为过于保守，你浪费掉了风险承受能力这个资源，赚不到足够的钱。比如说，你本来能担起15%的最大回撤，你完全可以买股票基金，拿到每年16%的收益率，可是股票基金在极端情况下最大回撤你根本承担不起，所以你所能选的只有债券基金，而债券基金的收益率只有7%。

有什么方式能让你又不受极端情况的危害，又能投资那些高收益的资产呢？答案就是资产配置。

什么是资产配置呢？简单来说，就是我们常讲的，不要把鸡蛋放在同一个篮子里。更进一步讲，就是要把鸡蛋放在关联程度尽可能低的篮子里。很显然，把鸡蛋放在同一个篮子里风险很大，所以要分散着放在很多篮子中。

这句话其实不完全对，如果你把鸡蛋分散放到了5个篮子中，却用同一根扁担挑着这5个篮子，那么这样的分散风险其实是无效的。

在投资这件事上，很多新手都会犯这样的错误。经常有用户拿着他买的基金来给我看，让我帮忙分析。我一看，虽然买了五六只基金，但是投资方向都集中在大盘股上，风格非常相似。这几只基金往往是同涨同跌。这就是典型的无效配置，本质上还是把钱投在了同一个篮子中，没有降低风险。

2. 资产配置是降低波动、提供稳定复利的唯一方法

资产配置就是把涨跌时间不同的一组资产搭配起来，有的资产正在下跌时，其他资产正在上涨，这样就把那个波动给抵消掉了。

大部分资产都有一个长期上涨的趋势，短期涨跌波动围绕着这个趋势起起落落。

资产走势 = 长期收益率 + 波动

资产走势 - 长期收益率 = 波动

比如沪深300指数（如图6-1所示）：

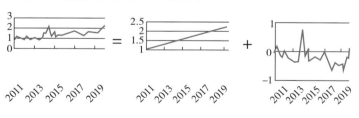

图6-1 沪深300指数资产走势图

现在，我们把各个市场的指数都这么分析，再简单加起来（如图6-2所示）：

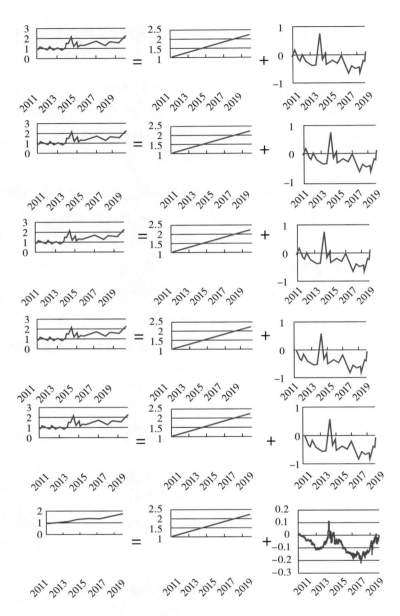

图6-2　其他市场指数的资产走势图

我们简单地给每个资产配置相同的比例：

资产配置的长期收益率 = 所有资产的长期收益率的平均值。

资产配置的波动 = 所有资产的波动的平均值

这里面最重要的就是通过一定比例的搭配，资产的波动会在不同程度上形成抵消，这种抵消在金融上就叫**"对冲"**。这样，资产配置的长期走势就变得平稳多了。

这就是资产配置的秘密。虽然通俗地说，资产配置就是不要把鸡蛋（钱）放在一个篮子（资产）里，这样任何时候某个篮子出现掉落风险的时候，整体的鸡蛋的风险也不会太大。

3. 跨品种、跨市场才是真正的资产配置

那么，什么才是真正的资产配置？是不是随便把几个资产放在一起就是资产配置了呢？

同样是 A 股，上交所和深交所表现不太一样，但总体的波动方向一致的（如图 6 - 3 所示）①

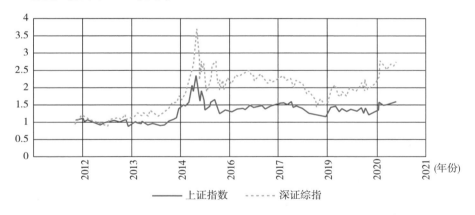

图 6 - 3　上交所与深交所股票资产的走势对比

要涨都涨，要跌都跌。

---

① 特别说明:本部分图表只选取了部分年份的情况进行对比,并非连续年份。

把这样两个资产分解，再相加到一起，可以看到波动并没有明显降低，也就是没有形成有效"对冲"（如图6-4所示）。

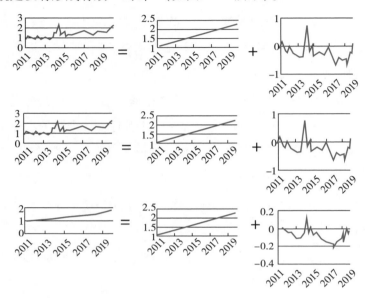

图6-4　上交所与深交所股票资产的分解与组合

特别说明：本部分图表只选取了部分年份的情况进行对比，并非连续年份。

而不同品种的组合，比如股票和债券，涨跌差别比较大，将他们分解，再相加到一起，可以看到波动显著降低（如图6-5、图6-6所示）。

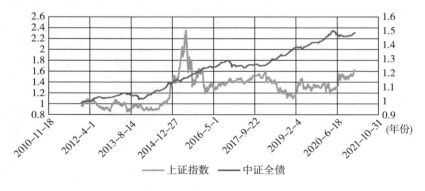

图6-5　股票资产与债券资产的走势对比

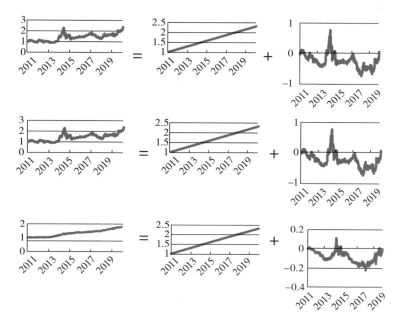

图 6 - 6 股票资产与债券资产的分解与组合

特别说明：本部分图表只选取了部分年份的情况进行对比，并非连续年份。

其次，同一类资产，比如股票，在不同市场里的表现差异是很大的，比如中国股票和美国股票（如图 6 - 7 所示）。

将他们分解，再相加到一起，可以看到波动显著降低（如图 6 - 8 所示）。

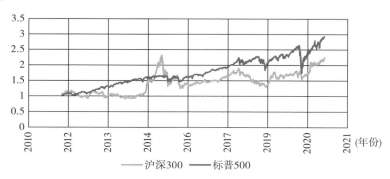

沪深300 标普500

图 6 - 7 中国股票资产与美国股票资产的走势对比

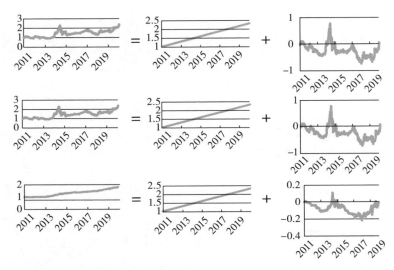

图6-8　中国股票资产与美国股票资产的分解与组合

特别说明：本部分图表只选取了部分年份的情况进行对比，并非连续年份。

跨品种、跨市场，是实践证明的真正有效资产配置的两个特征。如果没有这么做，所谓资产配置，可能就是鸡蛋被放在几个篮子里，但所有篮子都放在一根扁担上了。

衡量资产之间互补关系大小的一个指标，叫相关性。下表是各类资产的相关性表，颜色越绿，说明互补关系越好（如表6-2所示）。如果你配置的资产中两两都是颜色偏绿的，那么你的资产配置就是真的。反之，如果大部分都是红色的，那你的配置就是个"假资产配置"。

表6-2　不同资产间相关性情况

	沪深300	中证500	中证全债	创业板	标普500	恒生	黄金	纳斯达克
沪深300	1.0000	0.8966	-0.0169	0.8171	0.0938	0.4322	0.0203	0.0894
中证500	0.8966	1.0000	-0.0207	0.9439	0.0702	0.3458	0.0219	0.0701
中证全债	-0.0169	-0.0207	1.0000	-0.0120	0.0022	-0.0241	0.0160	0.0057
创业板	0.8171	0.9439	-0.0120	1.0000	0.0674	0.3112	0.0223	0.0640
标普500	0.0938	0.0702	0.0022	0.0674	1.0000	0.2333	-0.0019	0.9055

续表

	沪深 300	中证 500	中证全债	创业板	标普 500	恒生	黄金	纳斯达克
恒生	0.4322	0.3458	−0.0241	0.3112	0.2333	1.0000	0.0418	0.2066
黄金	0.0203	0.0219	0.0160	0.0223	−0.0019	0.0418	1.0000	−0.0182
纳斯达克	0.0894	0.0701	0.0057	0.0640	0.9055	0.2066	−0.0182	1.0000

4. 要实现底线不破，资产配置必须动态调整

做了资产配置，是不是就可以高枕无忧了呢？当然不是，市场环境是一直变化的，所以，如果你要确保底线不破，当市场环境发生大的变化时，资产配置比例就要相应地进行大改变；市场有时候也会有些趋势性的小改变，如果能抓住趋势，也要做小变化。只有不断变化，才能适应变动的市场，才能在变动的市场环境下实现底线不破。

固定比例的资产配置，或者虽然比例不固定，但是按照一个定好的机械操作方式操作的配置比例，其实都很难确保底线。道理很简单，如果有一个能固定的适应市场变化的方法，既能确保底线又能挣到最多的钱，那不就是相当于说有直接从市场上取钱的法子吗？世界上哪有这么便宜的事儿呢？

有一个著名的固定配置比例策略，叫 50：50 股债平衡策略（如图 6 - 9 所示），就是固定的股票与债券比例为 1:1，这个策略本身是简单而有效的，既能实现最大回撤的降低，又能实现较好的收益，但这个最大回撤仍然有 21%（如表 6 - 3 所示）。

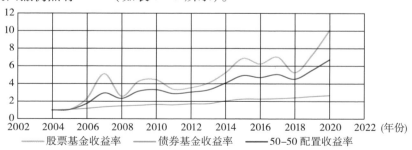

图 6 - 9　50：50 股债平衡策略收益走势图

表 6 – 3　50:50 股债平衡策略收益数据表

	股票基金收益率	债券基金收益率	50 – 50 配置收益率
累计收益率	907.46%	168.54%	572.56%
年化收益率	14.55%	5.98%	11.86%
历史最大亏损	−49.49%	−3.01%	−20.72%

那么，具体应该如何搭配资产呢？我们有两种基本且非常有效的方式，分别是传统的股债平衡法以及全天候配置法。

二、经典的资产配置方法

1. 股债平衡法

这是一个非常简单且有效的配置方法，就是始终保持股票和债券配置接近一开始固定的比例不动。最早采用这种方法的人就是大名鼎鼎的格雷厄姆——巴菲特的老师，他给这个配置起了个简单的名字，叫做"50:50 股债平衡"，顾名思义，就是股票和债券各占 50%。

这种方法的精髓在于同时配置了股票和债券，这两种资产的相关性较低。在前面的表里查询一下，我们会发现无论是利率债还是信用债，与股票的相关性都很低，甚至是负的。这样组合在一起可以有效降低整体的波动性，降低风险。

我们用一只股票基金和一只债券基金来做个简单的测试，选择最早的股票基金沪深 300 指数基金博时裕富（050002），和最早的纯债基金华夏债券（001001），按照"50:50 股债平衡"策略建立组合，来看组合投资与分别投资这两只基金的差异有多大。下面是他们的收益对比表（如表 6 – 4 所示）。

表 6 - 4　组合投资与分别投资的收益对比

年份	股票基金收益率	债券基金收益率	50：50 配置收益率
2005	-4.09%	9.07%	2.49%
2006	120.79%	10.46%	65.63%
2007	121.56%	17.24%	69.40%
2008	-63.88%	11.53%	-26.18%
2009	88.61%	2.19%	45.40%
2010	-11.98%	5.81%	-3.08%
2011	-23.55%	-1.99%	-12.77%
2012	8.25%	7.82%	8.03%
2013	-6.30%	1.08%	-2.61%
2014	57.76%	10.00%	33.88%
2015	18.70%	9.14%	13.92%
2016	-3.71%	0.17%	-1.77%
2017	27.03%	0.58%	13.80%
2018	-21.46%	2.81%	-9.32%
2019	26.75%	6.94%	16.85%
总收益率	397.53%	141.98%	396.00%
年化收益率	11.29%	6.07%	11.27%
历史最大亏损	-63.88%	-1.99%	-26.18%

可以看到，15 年下来，"50：50 股债平衡"策略的收益率和直接投资沪深 300 指数基金很接近，直接投资沪深 300 指数收益率为 397%，"50：50 股债平衡"策略收益率为 396%，年化大约都是 11.3% 左右。但是，这个策略让持有期最大的亏损，从直接持有沪深 300 指数基金的64%，下降到了 26%。要知道亏损 64%，相当于账面上的钱直接少了2/3，估计没几个人能撑得住；组合配置时跌掉 1/4，持有人心里肯定不舒服，但大部分人还能扛得住。

所以无论从收益率还是持有期最大亏损来看，"50：50 股债平衡"的效果都比直接投资股市要好得多。

细心的投资者可能看出来了，股票基金的收益是397%，债券基金的收益是142%，两者各50%的话，收益应该是270%，而不是我们上面这张表里的396%，这是怎么回事儿呢？

答案就在这四个字中：动态平衡。

这个词你可能觉得有点陌生，但理解起来却很简单：就是每隔一段时间，将你的投资组合中各类资产调整为最初设定的某个固定比例。

举个例子：在刚才讲解的案例中，你拿出1000元，按照1∶1的比例，各投了500元到债券基金和股票基金中。

1年之后，股票基金账户涨到了680元，债券基金账户涨到了520元，不再是各占50%了。在不考虑交易费用的情况下，我们要卖出80元股票基金，再用这80元买入债券基金，这样两种产品就各是600元，再次回到了1∶1的比例。这个过程，我们就叫做动态平衡。

在刚才的例子中，当我们做动态平衡时，一买一卖两个动作，其实就是一个低买高卖的过程。

任何资产，涨到一定程度就会有下跌的风险；反之，跌到一定程度又会上涨的机会。在刚才的例子中，我们卖出一部分涨得比较快的股票基金，就是在做止盈，落袋为安。再用这部分钱买入涨势较慢，甚至下跌的资产，便是低位买入。

动态平衡的方法让我们在股市中被动地实现了低吸高抛。

当然，"50∶50"的比例是由历史数据证明的，从长期来看收益不错，风险也不算很高。实际操作中，大家也可以根据自己的风险收益偏好，适当调整这个比例，比如40∶60，风险降低一些，收益也略低一些；又或者60∶40，风险略高些，收益也略高些。

如果第一次比例配置完就放任不管的话，随着产品价格变动，资产比例会慢慢偏离初始比例。当偏离过于严重时，配置价值就会打折扣。

拿前面的例子来说，假如我们在 2005 年初按照 50：50 的配置各投资了 500 元的"博时裕富"和 500 元的"华夏债券"，中间不再做平衡，一直持有到 2007 年末，那么这时候 500 元的博时裕富变成了 2345.87 元，500 元的华夏债券变成了 706.25 元，总资产 3052.12 元，其中股债的比例已经严重偏离了 50：50，变成了 77：23。

2008 年是股灾年，股票跌了 64%。当年年末这个组合又会如何呢？"博时裕富"变成了 847.33 元，"华夏债券"变成了 787.68 元，总资产降为 1635 元，相对于年初的 3052.12 元，跌幅达到 46%，基本上没有发挥出资源配置降低损失的价值。

所以，定期再平衡是必需的，根据学术界的研究，1 个月、3 个月、6 个月或者 12 个月进行再平衡操作，产生的差别都不是很大。所以作为普通投资者，**我们每 12 个月进行一次再平衡操作即可**，同时可以降低交易成本。

5. 全天候配置法

介绍完股债平衡法这种基础的方法之后，我们来看一个更进一步的配置法——全天候配置法。这个方法借鉴了股债平衡法的优点，股票债券这些相关性小的资产都买些。除此之外，它将股债平衡法中产品的固定比例，替换为更灵活的比例。通过分析市场环境变化，在投资规律的指导下，灵活地调配产品的比例。

这个方法的著名采用者，是美国一家著名的对冲基金公司——桥水基金。桥水基金通过这个配置策略，在过去 20 年里，业绩与巴菲特不相上下（如图 6-10 所示）。

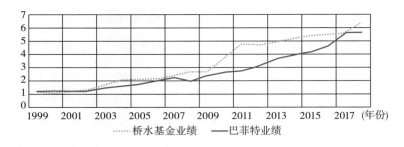

图 6 – 10　1999—2017 年桥水基金业绩与巴菲特业绩对比

这个配置方法具体是怎么操作的呢？要想弄清楚这个操作，我们只需要知道两个问题，一个是如何弄清市场环境变化并掌握对应的投资规律，另一个是如何选择产品比例。

首先我们来看第一个问题。我们的经济是在不断发展的，整体而言，从工业革命开始，人类经济就开启了"指数型"扩张阶段。不过短期来看，经济并不能以我们想要的速率保持高速增长，而是呈现一定周期性，有进有退，是一个"螺旋式上升"的过程。

而人其实是活在短期的，如何在短期的经济周期中保全资产，认识经济周期是什么，有助于我们利用它为自己赚钱。

美林证券提出了经典的**"美林时钟"**理论，将短期的市场发展分为四个阶段：**衰退、复苏、过热和滞胀**，每个阶段都有表现较好的某类资产（如表 6 – 5 所示）。

表 6 – 5　美林时钟的市场阶段划分

时期	经济（GDP）	通胀（CPI）	资产收益水平
衰退	下行	下行	债券 > 现金 > 股票 > 商品
复苏	上行	下行	股票 > 债券 > 现金 > 商品
过热	上行	上行	商品 > 股票 > 现金 > 债券
滞涨	下行	上行	现金 > 商品 > 债券 > 股票

在实际投资中，想精确地判断短期经济处在哪个阶段很难，但我们

可以通过将各个市场环境下对应的优势资产按合理的比例配置，整个组合就可以适应各种市场环境，从而在相对低的波动下穿越整个经济周期，获得市场的长期收益率。

接下来我们来看第二个问题，如何选择产品比例。选择的方法是资产风险配平法。举个例子。股票的风险天然就比债券大，假如债券风险是 1，股票风险是 4，该怎么配平呢？

债券配置 80%，股票配置 20%，$1 \times 80\% = 0.8$，$4 \times 20\%$ 也等于 0.8，这就配平了。也就是说，每个资产配置后的风险都相等。

按照风险大小配置，当市场环境变化，资产风险提高时，我们就选择少配置它，风险降低时就多配置它。这样就实现了针对市场变化进行灵活配置，达到了比股债平衡法更好的投资效果。

三、理财魔方的主动全天候策略

1. 多资产配置，降低风险，获取内在收益

理财魔方的主动全天候配置的核心思想之一是：多资产配置，降低风险，获取内在收益。

对于多资产配置，我们需要了解以下几个情况：

其一，大部分资产长期都是向右上方上涨的，这个向右上方的斜率叫做内在收益率。

其二，各类资产的内在收益率是在波动中实现的，围绕内在收益率的波动就叫做风险。

其三，不同资产的波动方向是不一样的。

其四，把不同资产配置在一起，就可以实现波动方向上的互补与对冲，降低风险，但这个并不影响各类资产的内在收益率。

2. 按照极限环境下资产不破底线的要求构建组合，确保底线

在具体每一类资产的配置比例上，首先要考虑最极端情况下各类资

产的损失，以此为基础设定基础比例，确保整个组合在最极端环境下的基础牢固、不破底线。这也是理财魔方的主动全天候的主要思想之一。

各资产的基础配置比例（如表6-6所示）（以风险等级10为例）：

表6-6　理财魔方各资产的基础配置比例表

资产	基础比例
沪深300	25.17%
中证500	2.51%
中证全债	19.24%
创业板	22.58%
标普500	0.15%
恒生	0.13%
黄金	11.05%
纳斯达克	19.17%

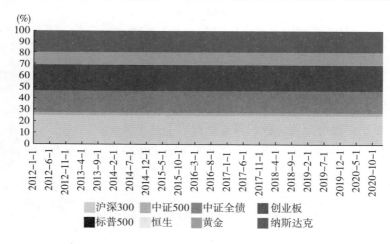

图6-11　理财魔方各资产的基础配置比例图

按照该基础配置比例，组合在最极端情况下的最大回撤也不会超过15%（如图6-11所示）。

3. 在确保基础底线安全的基础上，依据市场变动对资产比例进行主动调整

理财魔方的主动全天候思想还包括在确保基础底线安全的基础上，依据市场变动对资产比例进行适当的主动调整，进一步降低风险，提升收益。具体而言，我们需要了解以下几点：

其一，各类资产的内在收益率和风险都是在不断变化的，当收益/风险降低时，这一类资产的比例就会主动降低，反之就会升高，相对于均衡的比例配置，主动的灵活调整，可以进一步降低风险，提高内在收益率。

其二，影响各类资产风险和收益改变的是经济周期，经济周期有长周期的，比如基于货币紧缩或总体宽松的长货币周期；也有短期的，比如基于短期经济波动的库存周期（又叫基钦周期）。长经济周期影响的是各类资产长期的变化，短经济周期影响的是资产几个月或一两年的变化。

其三，资产配置比例的调整要兼顾长期和短期，长期的比例叫战略配置，短期的比例变化叫战术配置。

以沪深 300 为例，该资产的基础配置比例为 25.17%（如图 6 - 12所示）：

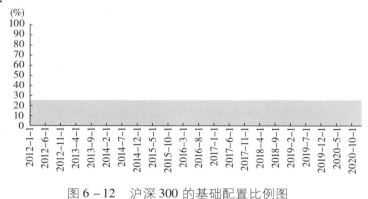

图 6 - 12 沪深 300 的基础配置比例图

但是，沪深300的长周期收益率会有变化（如图6－13所示）：

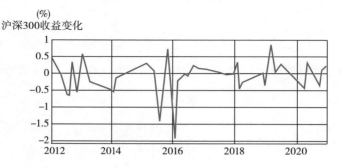

图6－13 2012—2020年沪深300收益变化图

它的风险也会有变化，但由于最大回撤算的是之前历史上的极端值，所以大部分时候是不变的（如图6－14所示）：

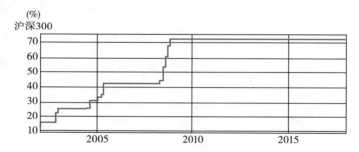

图6－14 2005—2015年沪深300最大回撤图

它与其他资产的相关性的变化如下（如图6－15所示）：

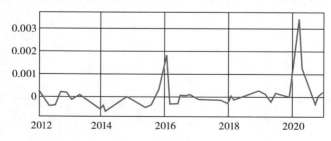

图6－15 2012—2020年沪深300相关性变化图

由此导致该资产在整个组合中的比例会围绕基础配置上下调整（如图 6 - 16 所示）：

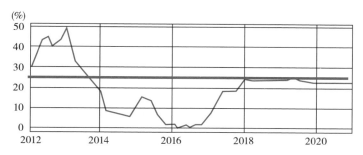

图 6 - 16　2012—2020 年沪深 300 资产配置比例

其中红色部分的变化是由收益的变化导致的；绿色部分是由相关性的变化导致的；因为风险基本不变，所以一般不会导致比例的变化；蓝色的部分是极少情况下由其他意外事件导致的。

相应地，每一次比例变化都可以准确地进行定义：因何而变，变了什么，变了多少。

这种调整的价值是什么呢？主要是跟上了各类资产的基本面的改变，尤其是会带来收益率的增加和风险的降低（如图 6 - 17、表 6 - 7所示）：

———— 原始曲线　　　········· 自2013-02-01不再调仓曲线

图 6 - 17　2012—2020 年调仓前后净值曲线对比

表6－7　调仓前后收益、回撤数据对比

跟随调仓年化收益	0.121
不跟随调仓年化收益	0.110
跟随调仓最大回撤	0.171
不跟随调仓最大回撤	0.174

战术部分的调整原因与战略部分相同。只是战略部分的变动来自基本面的改变，战术部分的变动来自趋势的变化。但无论是基本面还是趋势的变动，最终引发资产比例变动的都是收益、风险或相关性的变动（如图6－18所示）。

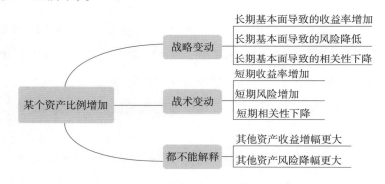

图6－18　单一资产比例调整原因

整个思想简单来说就是：按照最坏的情况做最基础的配置。

如果一个资产在基础配置之上增加了配置比例，要么是收益增加了，增配可以增加整个组合的收益率；要么是风险降低了，增配可以降低整个组合的风险；要么是它相对于其他资产的涨跌互补性增加了（相关性减小了），可以帮助抚平其他资产的波动。如果是因为相反的原因，资产在均衡配置上就会降低配置比例（如表6－8，图6－19、图6－20所示）。

表 6 – 8　理财魔方不同风险等级对应的比较基准

风险等级	比较基准
风险 1	中证全债
风险 2	89% 中证全债 + 11% 上证指数
风险 3	78% 中证全债 + 22% 上证指数
风险 4	67% 中证全债 + 33% 上证指数
风险 5	56% 中证全债 + 44% 上证指数
风险 6	45% 中证全债 + 55% 上证指数
风险 7	34% 中证全债 + 66% 上证指数
风险 8	23% 中证全债 + 77% 上证指数
风险 9	12% 中证全债 + 88% 上证指数
风险 10	上证指数

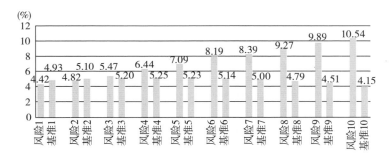

图 6 – 19　理财魔方各风险等级和对应比较基准年化收益率对比

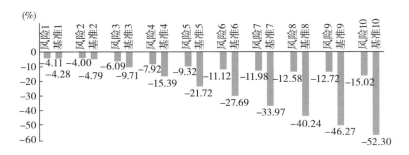

图 6 – 20　理财魔方各风险等级和对应比较基准历史最大回撤对比

四、附文

附文1：为什么模拟炒股大赛的冠军都没有成为股神？

晚上和一个客户交流，客户说自己用某个配置模型网站提供的模型做的资产组合，结果很好，比理财魔方过去5年的实盘业绩要好，他对我说："你们的模型不怎么样啊，人家那个网站才是真厉害！"

理财魔方运行5年多，风险等级10的实盘数据在过去5年的收益率为48.03%，年化收益率为8.16%。同时期上证指数只涨了5.75%。与动不动就翻倍的基金相比，和这个朋友发给我的75%的回测收益率相比，这个收益率不算惊艳。但获取这个收益率的代价，是最大14.4%的回撤，只有市场的一半不到。正是因为低回撤，理财魔方在5年中服务的几十万用户，90%以上都实现了盈利（如附图1）。

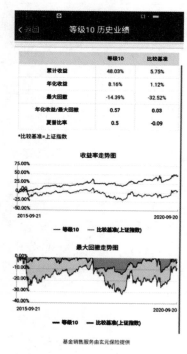

附图1　理财魔方智能组合等级10过去五年收益情况

重要的事情强调三遍：这是实盘！这是实盘！这是实盘！了解量化投资，尤其是了解量化宏观资产配置的人大概都明白，模型回测的收益率不算数，最多只能当作"如果我10年前把钱都买了房会如何"之类的谈资，无论这个谈资多么宏伟，都没法与现实中哪怕只买了一套房子的人相比。

为什么回测结果与实盘之间没有可比性？或者说，为什么从模型到落地之后的实盘之间差距那么大呢？

客户用的这个网站，有三大类资产配置模型可选，均值—方差模型，BL模型，风险平价模型。这三种模型，其实在过去5年的实践中，基本上已经被理财魔方放弃了。

为什么抛弃这三种模型？我们来看看实际的数据：

这是利用均值—方差模型来配置沪深300指数、标普500指数和黄金指数的结果。均值—方差模型基于资产的收益、风险和相关性，但这个收益和风险不能是某一天的，因为那样处理的话波动太大了，而是要基于过去一段时间的数据，我们初定为90天（如附图2所示）。

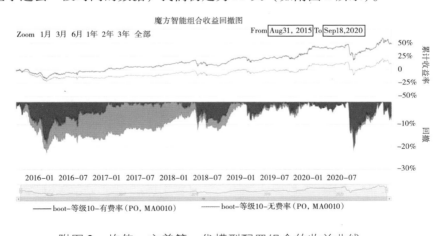

附图2　均值—方差第一代模型配置组合的收益曲线

图中的黑线是模型跑出来的配置收益曲线，看上去不赖。但打开实

际的资产调整过程如下（如附图 3 所示）：

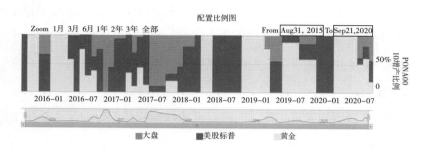

附图 3　均值—方差第一代模型配置组合的资产比例

　　各类资产的调整幅度非常大，一会儿满仓一会儿空仓。这么折腾带来的代价是什么呢？交易成本。扣去交易成本之后，黑色的那条线就变成了蓝色的线。收益率从 48.7% 掉到了 11.4%，挣的钱都被交易给吃掉了（如附表 2 所示）。

附表 2　均值—方差第一代模型配置组合收益的有费率与无费率对比

ID	名称	收益率		最大回撤	换手率	夏普比率	战胜基准概率				收益回正概率					收益最大回撤>2概率			费率
		累计	年化				月	季	半年	年	月	季	半年	年	两年	季	半年	年	
PO.MA 0010	boot－等级10－有费率	11.41%	2.20%	-22.73%	4,386.42%	-0.05	47.83%	50.96%	48.53%	52.91%	72.85%	73.77%	75.76%	78.10%	63.64%	48.36%	43.38%	39.94%	21.93%
PO.MA 0010	boot－等级10－无费率	48.68%	8.38%	-20.52%	4,386.42%	0.39	50.69%	56.31%	58.55%	68.31%	76.60%	79.58%	81.60%	84.03%	81.08%	52.00%	53.08%	49.97%	21.93%

观点1：不考虑交易成本的回测都是耍流氓。

这其实还是只考虑了硬性的交易成本，现实中，如果你的模型一会儿让你全部卖掉，一会儿又让你全部买回来，折腾几次后你会怎么想？你肯定觉得这完全不靠谱啊，慢慢就变成了摆设。

传统的均值—方差模型因为过于敏感，现实应用的价值并不大。

这是理财魔方的第一代模型，这个模型自2015年8月开发出来之后就没有上线，不久后，就被第二代模型所替代。

第二代模型，是为了改善第一代模型不稳定的毛病而开发出来的。所以，我们设计了交易优化组件（内部叫千人千面智能交易网关），通过多场景模拟，估算每次交易之后获得的好处能不能覆盖交易成本，如果能，就启动交易。否则，就不交易（如附图4所示）。

附图4　增加交易优化组件后第二代模型组合的收益曲线

经过交易优化，收益率上去了，交易吃掉的成本低了很多，5年收益率上升到了37.4%。交易过程也不再是那么上蹿下跳了（如附图5、附表3所示）。

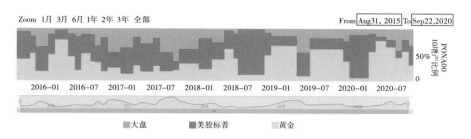

附图 5 增加交易优化组件后第二代模型组合的资产比例

附表3 增加交易优化组件后第二代模型组合收益的有费率与无费率对比

ID	名称	收益率		最大回撤	换手率	夏普比率	战胜基准概率				收益回正概率					收益最大回撤>2概率			费率
		累计	年化				月	季	半年	年	月	季	半年	年	两年	季	半年	年	
PO.MA 0010	boot-等级10-有费率	37.39%	6.66%	-23.46%	2,488.88%	0.29	49.97%	53.23%	52.23%	61.79%	77.74%	80.68%	81.82%	88.30%	90.57%	52.68%	50.03%	48.18%	12.44%
PO.MA 0010	boot-等级10-无费率	59.37%	9.92%	-22.93%	2,488.88%	0.55	51.50%	56.73%	56.78%	70.26%	80.08%	83.22%	85.47%	94.35%	94.14%	54.96%	58.55%	52.51%	12.44%

为了进一步提升业绩，理财魔方在 2018 年 7 月上线了第三代模型，引入了宏观观点进行修正，这就是所谓的 BL 模型（如附图 6 所示）。

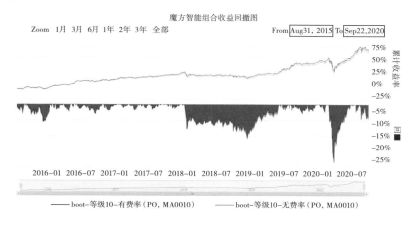

附图 6　BL 第三代模型配置组合的收益曲线

这一代模型带来的好处是，交易过程更稳定，交易费率更低。（如附图 7 所示）

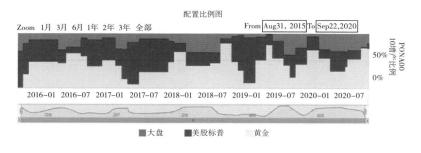

附图 7　BL 第三代模型配置组合的资产比例

从图中我们可以看到，收益率上升到了 58.74%（如附表 4 所示）。

附表 4 BL 第三代模型配置组合收益的有费率与无费率对比

ID	名称	收益率 累计	收益率 年化	最大回撤	换手率	夏普比率	战胜基准概率 月	战胜基准概率 季	战胜基准概率 半年	战胜基准概率 年	收益回正概率 月	收益回正概率 季	收益回正概率 半年	收益回正概率 年	收益回正概率 两年	收益/最大回撤>2概率 季	收益/最大回撤>2概率 半年	收益/最大回撤>2概率 年	费率
PO.MA 0010	boot-等级10-有费率	58.41%	9.82%	-19.45%	1,925.46%	0.60	51.10%	56.83%	58.02%	63.11%	75.70%	79.17%	81.13%	84.32%	89.36%	51.79%	51.96%	52.74%	9.63%
PO.MA 0010	boot-等级10-无费率	66.74%	10.93%	-18.77%	1,925.46%	0.68	51.71%	57.92%	60.11%	66.46%	76.31%	80.26%	83.16%	85.07%	91.65%	51.64%	53.62%	54.12%	9.63%

但是，这么修正之后，问题又来了：观点对结果的重要性如此之高，但人为的观点怎么确保准确性呢？

对了，上天·。

错了，入地。

这是一个敏感的参数。

投资模型里的敏感参数，又叫超参数。过多的超参数，或者成败都寄托在超参数上，最终在实盘中往往会走偏。因为超参数如此重要，当一段时间业绩不佳时，你就会不停地怀疑超参数，怀疑多了，要么你就开始改参数，要么就是放弃模型成为摆设。

观点 2：超参数带来的过度优化，会让模拟结果看上去很好而在实盘执行中变形。

在此基础上，我们对模型中的部分资产层级使用了风险平价模型。这个模型相对来说更稳定，没有更多的超参数。配置结果是这样的（如附图 8、附图 9 所示）：

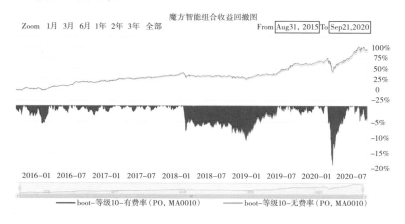

附图 8　风险平价第四代模型配置组合的收益曲线

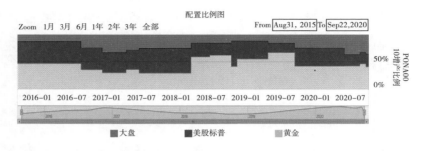

附图9 风险平价第四代模型配置组合的资产比例

从图中我们可以看到，收益率提高到了89.4%（如附表5所示）。

附表 5 风险平价第四代模型配置组合收益的有费率与无费率对比

ID	名称	收益率		最大回撤	换手率	夏普比率	战胜基准概率				收益回正概率					收益/最大回撤>2概率			费率
		累计	年化				月	季	半年	年	月	季	半年	年	两年	季	半年	年	
PO.MA0010	boot 等级 10 - 有费率	89.39%	13.82%	-18.69%	915.42%	0.98	52.93%	60.57%	63.22%	71.53%	78.40%	83.58%	85.95%	92.39%	97.31%	58.23%	60.16%	60.29%	4.58%
PO.MA0010	boot 等级 10 - 无费率	94.56%	14.46%	-18.70%	915.42%	1.04	53.13%	61.66%	64.24%	73.49%	79.52%	84.78%	86.38%	92.62%	97.51%	58.75%	61.18%	60.92%	4.58%

但是，为什么只用了 A 股、美股和黄金呢？为什么不用债券呢？为什么不用原油呢？因为你知道 A 股、美股和黄金过去几年是这个样子的（如附图 10 所示）：

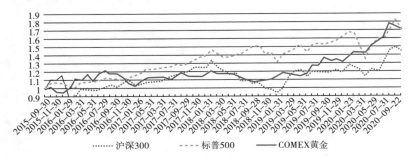

附图 10　2015—2020 年 A 股、美股和黄金资产净值走势

而原油是这个样子（如附图 11 所示）：

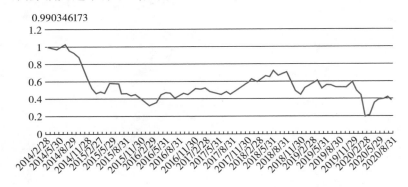

附图 11　2014—2020 年石油资产净值走势

观点 3：回测往往会不自觉地使用未来数据，而实盘投资里我们都只能看到过去而不能看到未来。

事实上，当你在开始做回测的时候，你已经站在了上帝的视角上，你不自觉地在利用未来的数据。

假如你不是上帝，在 5 年前起步的时候，你看到的过去几年的这几类资产收益率是这样的（如附图 12 所示）：

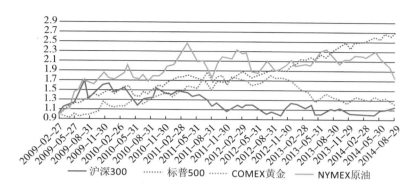

附图 12　2009—2014 年 A 股、美股、黄金和石油资产净值走势

如此的话，你还会选择那三类而不选原油吗？

在这个过程中，还没有考虑人心理上的压力，没有考虑实际交易中面临的不可交易的限制，有时候，交易时间晚一天，业绩差异就大很多，而这些在模拟操作里是统统不考虑的。

更重要的是，这些模型其实都没法确定性地控制住最大回撤。而不能大概率地控制住回撤，客户就会在最恐慌的时候离开，一旦离开，后面什么收益都与他无关了。

这其实是理财模型与投资模型最大的差异。理财模型讲的是能让客户赚到的钱是多少，投资模型讲的是，待不待得住，那是你的事儿，我只管如果你待住了能让你赚到多少钱。

理财魔方的模型目前已经走向了第五代：从模型配置向算法配置转型。理论上，我们完全可以利用实际的数据排列组合，找到最优的配置比例。但是，这个可能性太多，假设三种资产，各有 4000 个交易日数据，那么就会有 640 亿种组合。传统上这种计算是不可能的，模型配置，其实是在计算能力不足的情况下，人为地先抽象出来资产的几种特点，然后用一组方程组对这几个特点进行运算。随着算法、算力的提升，现在完全可以用暴力破解的方式来找到最优配置。这是目前我们正

在做的事情。

现在回过头来回答客户的问题：模拟回测模型，无论数据如何性感，其实都是玩具。理财魔方的价值，是通过5年的实盘业绩验证的，它知道怎么修正模型，让其真正能大概率落地为实盘，而我们的实盘，是这五代模型接力的结果，因为实盘不能抹掉，更新模型不能更新历史业绩。这个实盘业绩，是在理财魔方服务数十万用户的实际环境中实现的。

这个服务的效果，是90%以上的客户盈利。这才是最能评判一个理财模型的价值的指标。

附文2：为什么资产配置是财富增长的王道？

年后市场的逼空式上涨终于逼着监管部门站出来发声了，市场也进入了一个震荡调整期。好在这届监管部门大约是吸取了前一届的教训，更多采取的是温和的市场化的方式。不过，暴涨之后的震荡期，注定会把大部分熬过严冬的投资者扼杀在春天里，这是铁律。

为什么？

目前在市场里的投资者无非几种：第一种是精确地猜到了市场底部并且大比例进入的，目前已经有了可观的回报；第二种是下跌中一直在熬着的，经历了熊市的巨额亏损，目前大约在回本路上或者刚刚回本；第三种是之前一直空仓观望，上涨过程中追进来的，小赚一点。

第一种是投资者的梦想，即所谓的"股神"。能精确地猜到底部并且重仓杀入的，称之为股神并不为过。不过这种人通常都在传说中，市场涨起来后常常有"股神"乱飞，但真正在底部的时候，"股神"们却都在闭关，自然也会有"股神"拿出自己的交易记录给你看，问题是你拿你1万元资产中的10块钱，即便猜中了又如何？不考虑投入资产量的收益率是没有任何价值的。对于这种人来说，既然有可观收益，落袋为安是最佳选择。唯一要考虑的是，落袋为安后，下一次何时再进入？当然，这是99.9%的投资者都猜不中的问题，但对"股神"来说并不是难题，虽然两次都能猜对的概率只有百万分之一。

第二种和第三种投资者是大多数，也可以说是投资"仙界"以外的全部。我们会发现很多时候，市场的变局往往在"差一点"的时候发生：要回本就走，那么市场往往在差一点就回本的时候变局；要挣到10个点就走，可市场往往在9个点的时候变局。

很奇怪，市场似乎往往不能让我们如意。真的是市场不让你如意吗？不是的，是贪婪让你的欲望水涨船高。回头看看，那些想要赚10个点就走的人，真的没有过回本就走的念头吗？只是那个念头在你实现后就忘记了而已。

但是，差一点就能实现目标这个时刻的变局格外让人难受。走吧，目标没有实现，万一走了市场又涨了呢？不走吧，刚刚看到的希望很可能又泡汤，如果回到以前那漫漫长夜里，想想就让人不寒而栗。这种摇摆和挣扎的内心，几乎可以说是每个投资者的日常经历。

但这个挣扎的结果其实是注定的，大部分人都会选择退出去。退出去，不是因为对未来不看好，而是大部分投资者在决定退出时，压根儿不会考虑未来，他们已经被内心的煎熬打败了。

带来这个煎熬的是什么？深层次说，是自己的贪婪和恐惧。贪婪让人们想抓住一切机会，恐惧让人们放大了当下的波动。而引起这些贪婪和恐惧的正是投资市场的不确定性。

3000点市场的基本面与2600点市场的基本面有没有改变？没有。2600点时的货币宽松政策与当下并无二致。2600点时候所有人都知道中国经济还会持续下滑，但各种挽救经济的减税降费政策、改善营商环境政策会把经济下滑趋势减缓并进而扭转。3000点的时候，还是这些基本面环境，但人们的关注点却变了。问题是，这个下滑不是人所共知的吗？所以，本质上还是你的恐惧和贪婪在作怪，所谓理由，不过是你为你的恐惧和贪婪找的一个借口而已。"人类一思考，上帝就发笑"。同样地，股民一分析市场，市场也会发笑。

所以，要想真正地让自己的财富保值增值，就必须得克制自己的恐惧和贪婪。问题是，暴涨暴跌的股市是人性的"放大镜"，身在其中不要说克制，不被放大已经是极其难得了。这就是为什么经过大浪淘沙，资产配置最终成为成熟市场老百姓理财的唯一方式的原因。

资产配置的基本逻辑是：第一，鸡蛋不要放在一个篮子里；第二，鸡蛋要放在几个不相干甚至相反的篮子里；第三，不要想着用靠把鸡蛋卖给傻子赚个暴利来发家致富（通过高卖低买赚超额收益）。合理之道是慢慢把鸡蛋孵成小鸡养成大鸡卖掉赚钱（获取平均收益）。这样做的好处很明显，任何市场都有资产，哪个涨都能喝口汤、吃口小肉，不会让你觉得"踏空"，避免了被贪婪作践。哪个跌都不会伤筋动骨，永远有其他资产帮你兜底，也避免了被恐惧作践。鸡蛋总有变成小鸡的时候，小鸡总有养成大鸡的机会，即便有几个坏鸡蛋，有几只小鸡夭折，也不会伤筋动骨。

远离贪婪和恐惧，会让人越来越神清气爽，你会发现，试图从别人的口袋里掏钱的，往往被别人掏了钱，而"守拙"的却往往是笑到最后的。

留点小钱炒炒股，当玩乐了，但千万别把这活儿当常态。巴菲特的好朋友芒格说过这样一句话：教人炒股，犹如引人吸毒。深以为然！

难受么？难受。难受就对了。如何走出坐立不安、赔了精力和心情还赔钱的怪圈？进理财魔方吧！换个方式活，世界一定不一样。

第七课　如何选择靠谱的资产？

要点

1. 金融是特许行业，每一个卖到客户手里的资产，都应该由持牌管理人管理。

2. 中国的合法金融机构，只有银保监会和证监会两个机构发牌才算。

一、合理的资产需要正规的生产、销售机构

1. 生产机构（管理人）合法

前几节课讲的是怎么做资产配置，资产配置只是个方案，这个方案要落地，需要要看你选择的资产是什么。打比方说，资产配置方案就是治疗方案，具体咋治疗还得看药方子里的药究竟是个啥。

现在市场上的资产五花八门、多种多样，这个领域又鱼龙混杂，普通人很难分辨其可靠性。所以本节里我们讲讲有哪些靠谱的资产，以及如何分辨它们。

在本书成书过程中，我在北京的公司遇见了一位特意从上海赶来的阿姨。阿姨不是理财魔方的客户，但是因为一直在听我的在线节目，对我有一定的信任，也听说了理财魔方的基金配置方式，所以特意来到公司找我

聊一聊，并且确认一下公司是否靠谱。应该说，阿姨对待理财的态度比大多数投资者都要认真，为了投一笔钱特意从上海到北京现场"尽调"。

阿姨提到自己半年前买了xx金融科技公司20万的固定收益理财，产品方承诺固定利率保本保息，资金投向项目有公司的股东集团做担保，产品安全无风险。阿姨还特意去机构实地考察过，办公室在东三环附近一个很气派的写字楼里，比理财魔方气派多了。但固定收益、保本保息多是非法集资的标配，详细查询产品后果然是非持牌的非法集资公司。

即便是像阿姨这样的谨慎投资者，都没能逃脱金融诈骗的圈套。一方面是诈骗机构的欺诈把戏在不断升级，另一方面是投资者自身的金融知识比较薄弱、对金融产品的了解不清晰。

本节课先给大家普及下靠谱的资产究竟有什么样的特征，目前有哪些是靠谱的产品。后面几节课再主要讲资产中最重要的一种——公募基金该如何选择。

理财行业其实和医疗行业很相似，如果说医疗的目的是救人，那理财的目的就是救钱包，两者的终极目标都是让你有尊严地活着。这两个行业除了目标相同，组织的形式也非常类似。

医疗行业参与者有上游的制药厂、中下游的药品销售机构和医院，其中最重要的制药厂不是随便建个厂子就能运作，药品生产要有严格的资质要求。同样，理财行业也有这样的分工体系，生产理财产品的机构也受严格的监管，而且必须有监管机构发放的牌照。否则，就是非法金融机构。

注意，这里面没有任何例外，不要相信任何从政府监管机构查不到名单的理财机构生产的产品，他们全都是非法的。普通老百姓能拿到的理财产品，他们的生产企业的管理机构只有两个：中国银行保险监督管理委员会（简称"银保监会"）和中国证券监督管理委员会（简称"证监会"）。所以，只要名录不在这两个委员会官网或不是这两个机构官网上能查到的管理人，都是非法金融（私募基金是例外，信息查询可以通过中国证券投资基金业协会官网，基金业协会也是接受证监会指导和监管的机构）。

2. 销售机构（购买渠道）正规

医疗行业上游的制药厂合法生产的药品，想要顺利到达医院发挥功效，还有重要的一环需要把握，就是暴利的销售环节。因此，医疗行业要求销售机构也要持牌上岗。一是保证销售的药品都是正规厂家的产品，不被来路不明的残次品滥竽充数；二是保证药品价格的统一合理，不会哄抬价格，恶意炒作。

回到理财行业也是一样，理财产品的销售机构也必须持牌经营。所有能公开合法销售理财产品的机构，都要接受前面两个机构——银保监会和证监会的监管，也都能在这两个机构官网上查到相关信息。否则，就是非法金融。私募基金销售目前还没有限制，但一定要了解，虽然销售没有限制，但买的一定要是合法的私募基金，也就是基金管理人可以在基金业协会官网上查询到。

所以，大家买产品，首先一定要确保生产机构管理人有牌照，这样买到的药才能确定是正规生产有药效的，然后是确保购买渠道销售机构有牌照，这样买到的药是合法途径、合理价格的。两者配合，才是正确的方式。理财也是如此。

3. 市场中合法理财产品的名单和特点

我们整理了如今市场上所有合法的理财产品，并与医疗行业的名词相结合，方便大家更加通俗快速地了解这些产品的特征（如表 7 - 1 所示）。另外需注意一点，凡是不在表内所示的产品或机构名单里的产品，都是非法的，大家在实际投资中务必小心谨慎，切莫被虚假的金融产品欺骗。

表 7 - 1　市场中合法理财产品的罗列及对比

理财产品一药	特性一药效解释	管理/发行公司一制药厂	销售机构一药品分销商	合法名单/法规链接
股票和债券	所有长期理财产品的底层资产	公司法人	百姓直接购买或通过买理财产品购买	证监会、上交所、深交所等
公募基金	非常适合大众理财,规模扩张很快	公募基金公司,要有公募基金牌照	分为直销和代销,代销机构有银行、券商、互联网渠道,买方投资顾问等,销售金牌照;产品有名录,要确保产品可查	产品【公募证券投资基金名录(2020 年 10 月)】http://www.csrc.gov.cn/pub/zjhpublic/G00306205/201608/t20160811_302027.htm 管理机构【公募基金管理机构名录(2020 年 10 月)】http://www.csrc.gov.cn/pub/zjhpublic/G00306205/201509/20150924_284315.htm 销售机构【公开募集基金支付结算机构名录(2020 年 10 月)】http://www.csrc.gov.cn/pub/zjhpublic/G00306205/201509/20150924_284306.htm
银行理财	过去几十年的传统理财方式,目前打破刚兑后收益率显著降低	银行,要有银行法人资格	银行,要具有银行法人资格	管理和销售机构【银行业金融机构法人名单(截至 2020 年 6 月 30 日)】http://www.cbirc.gov.cn/cn/view/pages/governmentDetail.html?docId=924532&itemId=863&generaltype=1

续表

理财产品—药	特性—药效解释	管理/发行公司—制药厂	销售机构—药品分销商	合法名单/法规链接
券商集合资管理计划	是针对高端客户开发的理财服务创新产品,投资于产品约定固定收益类或权益类产品	证券公司/基金子公司/期货公司	证券公司要有券商牌照,基金子公司要有法人身份	产品1[证券公司集合资管产品公示]https://gs.amac.org.cn/amac-infodisc/res/pof/securities/index.html 产品2[基金公司及子公司集合资管产品]https://gs.amac.org.cn/amac-infodisc/res/fund/account/index.html 管理和销售机构1[证券公司名录(2020年10月)]http://www.csrc.gov.cn/pub/zjhpublic/G00306205/201509/t20150924_284310.htm 管理和销售机构2[基金子公司法人身份:天眼查]https://www.tianyancha.com/

119

续表

理财产品—药	特性—药效解释	管理/发行公司—制药	销售机构—药品分销商	合法名单/法规 链接
私募基金	最大特征是申购起步金额为一百万元,属于国家法规硬性规定,凡是低于这个数额的募资,都是有问题的	私募基金公司或金融机构的私募部门	销售没有牌照限制,可私下卖;但产品名录、要确保产品可查	产品1[私募基金公示]https://gs.amac.org.cn/amac-infodisc/res/pof/fund/index.html 产品2[证券公司私募投资基金]https://gs.amac.org.cn/amac-infodisc/res/pof/subfund/index.html 管理和销售机构[基金管理公司从事特定客户资产管理业务子公司名录(2020年10月)]http://www.csrc.gov.cn/pub/zjhpublic/G00306205/201509/20150924_284314.htm 相关重要法规[关于私募基金募集账户不得少于一百万元的相关规定《私募投资基金监督管理暂行办法》(证监会令[105]号)]http://www.csrc.gov.cn/pub/newsite/smjjjgb/smjjjgbzcfg/201410/t20141013_261673.html
信托	投资于浮动收益市场或用于直接放贷,产品风险都相对高	银行、信托等金融机构	信托、私募这些产品的销售没有牌照限制,可私下卖,但要确保产品能查	合法的信托公司名单也在[银行业金融机构法人名单(截至2020年6月30日)]中列举 http://www.cbirc.gov.cn/cn/view/pages/govermentDetail.html?docId=924532&itemId=863&&generaltype=1
银行存款	过去几十年的传统理财方式,目前收益率开始显著降低	银行	大部分是银行,还有少量互联网金融公司	[银行业金融机构法人名单(截至2020年6月30日)]http://www.cbirc.gov.cn/cn/view/pages/govermentDetail.html?docId=924532&itemId=863&&generaltype=1

续表

理财产品—药	特性—药效解释	管理/发行公司—制药厂	销售机构—药品分销商	合法名单/法规 链接
保险	分为纯保障类和带理财功能类的产品	保险公司	保险专业中介机构,其中有少量互联网金融公司	【保险机构法人名单(截至 2020 年 6 月 30 日)】http://www.cbirc.gov.cn/cn/view/pages/govermentDetail.html?docId=92452&itemId=863&&generaltype=1 【保险专业中介机构法人名单(截至2020 年 6 月 30 日)】http://www.cbirc.gov.cn/cn/view/pages/goverment Detail.html?docId=92452&itemId=863&& generaltype=1

二、以理财魔方为例，如何确认一个理财机构的合法性？

1. 理财魔方具有基金销售牌照

理财魔方是一家持牌的基金销售机构，证照齐全，经营合规，投资者可以放心在魔方平台投资理财，魔方销售的所有金融产品都合法合规。销售牌照截图如下，同时也可以在证监会官网查询到（如图7－1、图7－2所示）。

图7－1　理财魔方销售牌照截图

图 7-2　在证监会官网查询理财魔方的结果

2. 理财魔方销售的产品以公募基金为主

理财魔方提供的理财产品以组合产品为主，每个组合都是由一组公募基金构成（如图 7-3 所示），接受最严格的基金行业监管，有独立的第三方银行托管资金，理财魔方全程接触不到钱，资金安全不存在任何问题。

组合中的每一只公募基金，其管理人都可以在证监会官网上查询到。以"大成沪深 300A"为例，可以在监管机构官网查询到相关备案信息，公募基金产品的合法性无需怀疑（如图 7-4 所示）。

历史配比方案

2020年10月11日 10万元配比方案

- 货币 22.83%
- 利率债 16.05%
- 信用债 12.06%
- 美国股票 4.91%
- 原油 0.16%
- 房地产 0.00%
- 大盘股票 20.11%
- 黄金 12.67%
- 小盘股票 7.34%
- 香港股票 3.87%
- 灵活配置 0.00%

	上期配比	本期配比
货币	27.22%	22.83%
兴金货币A 340005	18.44% -> 0.00%	
嘉实货币A 070008	8.78% -> 0.00%	
国金众赢 001234	0.00% -> 7.61%	
大成添益A 003252	0.00% -> 7.61%	
富荣货币A 003467	0.00% -> 7.61%	
大盘股票	18.07%	20.11%
大成沪深300A 519300	1.14% -> 4.05%	
南方医药保健 000452	2.47% -> 0.00%	
申万菱信消费增长 310388	2.25% -> 0.00%	
易方达行业领先 110015	2.17% -> 0.00%	
银华富裕主题	0.96% -> 0.00%	

基金	配比
大成高新技术产业 000628	0.07% -> 0.00%
中融融安 001014	4.05% -> 0.00%
富国证券分级 161027	1.74% -> 0.00%
南方中证银行ETF联接A 004597	3.22% -> 0.00%
交银策略回报 519710	0.00% -> 2.37%
华宝中证银行ETF联接A 240019	0.00% -> 3.97%
鹏华中国50 160605	0.00% -> 2.64%
鹏华中证证券 160633	0.00% -> 1.95%
国泰大健康 001645	0.00% -> 2.88%
50AHLOF 501050	0.00% -> 2.25%
利率债	21.92% -> 16.05%
广发聚利 162711	15.65% -> 0.00%
富荣富开1-3年国债纯债A 006488	2.71% -> 0.00%
工银中债3-5年国开行A 007078	3.56% -> 0.00%
博时中债1-3政策金融债A 006633	0.00% -> 5.35%
华夏中债1-3年政策金融债A 007165	0.00% -> 5.35%
德邦短债A 008448	0.00% -> 5.35%
黄金	6.87% -> 12.67%
易方达黄金ETF联接C	6.87% -> 0.00%

基金	配比
华安易富黄金ETF联接C 000217	0.00% -> 4.22%
博时黄金ETF联接C 002611	0.00% -> 8.45%
信用债	16.47% -> 12.06%
大成景安短融A 000128	10.30% -> 0.00%
万家信用恒利A 519188	6.17% -> 0.00%
华宝宝康债券A 240003	0.00% -> 4.02%
浙商聚盈纯债A 686868	0.00% -> 4.02%
格林泓利债A 006184	0.00% -> 4.02%
小盘股票	4.82% -> 7.34%
申万菱信中证500指数增强A 002510	4.82% -> 0.00%
泰达500 162216	0.00% -> 3.67%
融通内需驱动 161611	0.00% -> 3.67%
美国股票	2.50% -> 4.91%
美国消费 162415	2.50% -> 0.00%
工银瑞信全球精选 486002	0.00% -> 4.91%
香港股票	1.97% -> 3.87%
易方达恒生H股ETF联接A人民币 110031	1.97% -> 3.87%
原油	0.16% -> 0.16%
易方达原油C人民币 003321	0.16% -> 0.00%
石油基金 160416	0.00% -> 0.16%

图7-3 理财魔方组合配置公募基金展示

图7-4 组合中单只公募基金大成沪深300A在监管机构查询结果

3. 理财魔方销售的产品查询透明

最后，可以确认理财魔方平台和销售产品的合法性。成功购买组合后，投资者可以直接去对应的管理人官网上查到成功购买基金的信息（如图 7 – 5 所示）。

图 7 – 5　理财魔方组合持有公募基金在基金公司官网查询步骤

因此，平台有牌照、产品合规、后续查询透明，这些都具备了才是合法的金融产品投资。现在很多机构打着互联网金融之类的幌子，做的是非法金融甚至诈骗的事情。大家一定要按照前面那个查询流程去确认你购买的任何理财产品的合法性，以防上当受骗、钱财受损。

第八课 公募基金——中产家庭理财首选品种

要点

    1. 公募基金是普通人所能拿到的最安全和投资范围最广的金融资产。

一、了解公募基金

1. 公募基金的类别

前面提到投资要购买合理的资产，公募基金就是非常值得投资的一类产品。

公募基金到底是什么呢？

多数人认为，公募基金就是在投股票，但其实公募基金可以投股票，也可以投债券、投存款、投资全球各个国家的市场，甚至可以投资各种高风险的商品，比如黄金、石油、房地产（REITs），可以说，我们资产配置所需要的资产、基金都有。

我们整理了公募基金可以购买到的几类资产类别，以及相应基金名称、基金经理等信息（如表 8 - 1 所示）。这些信息都是公开的，公募基金是面向所有公众公开发行的产品，所有人都可以在网上获取到任何一只公募基金的详细信息。

我们可以看到，公募基金的投资范围很广泛，股票、债券、货币和商品类型都囊括，这意味着投资者通过公募基金投资就可以购买到众多的金融资产，关键还都有专业的基金经理负责。

表 8 - 1　公募基金投资资产类别展示

基金资产类别	基金举例	基金管理人	基金经理
股票	易方达行业领先	易方达基金	冯波
债券	华夏纯债 A	华夏基金	柳万军
货币	天弘余额宝	天弘基金	王登峰
黄金	易方达黄金 ETF 联接 A	易方达基金	范冰、余海燕
白银	国投瑞银白银期货	国投瑞银基金	赵建、邹立虎
石油	南方原油 A	南方基金	黄亮
房地产	嘉实全球房地产	嘉实基金	冯正彦
有色金属	大成有色金属期货 ETF 联接 A	大成基金	李绍
饲料豆粕	华夏饲料豆粕期货 ETF 联接 A	华夏基金	荣膺
能源化工	建信易盛郑商所能源化工期货 ETF 联接 A	建信基金	朱金钰

因此，公募基金的运作，就是公众投资者把钱委托给基金公司，基金公司提供专业的基金经理进行管理，根据基金合同投资到市场上众多的金融资产，从而获取收益的投资行为。

2. 公募基金的特点

公募基金之所以安全性较高，值得投资，是因为具有下面这些特点，从而使得它可以成为中产家庭理财的首选品种。

第一个特点，投资专业。

不得不说，金融投资对于大部分普通人来说，是一件专业门槛比较高的事情，谨慎的人会迟迟不敢入场，莽撞的人分分钟在市场上赔掉了自己的血汗钱。即便想要认真学习，一时也摸不清门道。除了学习门槛高，有一些投资市场是只有机构投资者才可以参与，普通的个人投资者

连入场券都拿不到。

而公募基金可以轻松解决以上两个困境：一是每只公募基金都有专业的基金经理负责，而且背靠基金公司强大的投研团队；二是基金公司规模实力雄厚，拥有很多机构优势，整体来说，基金公司、基金经理在专业知识和行业背景上，都比普通投资者更有优势。

这种专业性可以在投资收益上得到佐证，就是基金的历史收益其实是挺高的。中国基金从产生到现在已有20年的时间，这20年间的年收益大约是16%左右。16%的收益是什么概念呢？相当于本金大约4年半就能翻一番。这些年你感觉投什么最赚钱？肯定是房子，但在过去这些年，北京的房子大约4年翻一番，全国平均是7~8年翻一番，由此可见买房子的收益并不比基金高。关键是，房子不是谁都能买得起，而基金，1块钱就可以买。

第二个特点，投资门槛低。

公募基金门槛很低，钱多钱少都能投，一般1元起就可以申购，所以即便你有100块钱，也是可以做资产配置的。公募基金是每个人都有能力购买、每个人都能接触到的金融产品。

而对应的其他金融资产，很多都有严格的购买限制，投资人需要符合一定的经济条件才有资格购买，如私募基金合格个人投资者的标准是金融资产不低于300万元或者最近三年个人年均收入不低于50万元，且投资于单只私募基金的金额不低于100万元。

第三个特点，交易成本低。

基金是大部分金融产品里成本较低的。与股票相比，基金的交易频率相对更低，所以成本也就更低，虽然你需要给基金公司交管理费，但从获得的收益和自己买股票实际付出的交易成本看，还是买基金更划算；再比如买债券，很多债券市场个人根本就进不去，以前有很多变通的法子，比如设立一个丙类账户来承接，其实成本都是很高的，基金则天然能在大部分的债券市场去交易；再比如黄金，黄金 ETF 是所有黄金投资里最可靠、成本最低的，而且相对于很多赌涨跌的纸黄金，黄金 ETF 每一份后面其实都有实打实的黄金在。

第四个特点，安全性高。

公募基金除了具备以上几个优势外，最为重要的一点是安全性很高，有专门的托管银行来监管资金，不存在跑路的风险。退一步讲，即使基金公司倒闭，投资者的资金也不会受影响。

基金的运作有一套严格规范的流程，涉及多个参与机构，包括监管机构、管理人、中介机构、托管人、投资者 5 个角色。而且，管理人全程是触碰不到钱的（如图 8－1 所示）。也就是说，基金的运行过程是闭环管理的（如图 8－2 所示）：

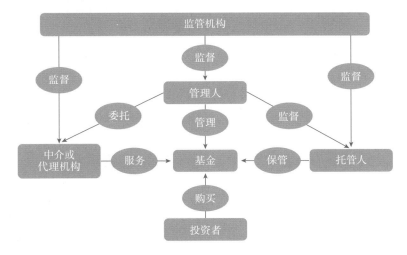

图 8－1　公募基金运作流程

第一个闭环，资金同卡进出：投资者申购的钱并不是直接给管理人（基金公司），而是把钱打进托管人（一般是大银行）设立的一个托管账户；最后赎回时，钱会原路从托管账户回到持有人手上。

第二个闭环，投资标准化资产，钱跑不出去。基金公司发出交易指令后，托管人会根据指令买入或卖出股票等资产，但基金公司只能在基金合同约定的范围内发出交易指令，如果指令超出了合同约定的范围，托管人有权拒绝执行。

因此，基金经理负责投资操作，托管银行负责资金安全，基金经理只能按照基金运作规则进行投资，不能随意操作资金，更不能像某些P2P平台一样带着资金跑路。当然，我们这里说的资金安全是不必担心基金公司有跑路风险，但是由投资带来的资金涨跌风险，还需要投资者自行承担。

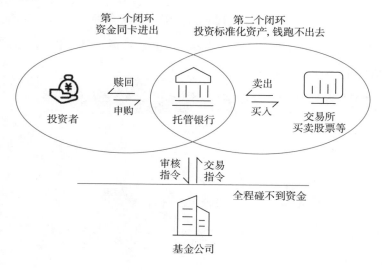

图8-2　公募基金交易的两个闭环

对于公募基金的安全性，还有一点可以保障，那就是它受到其他参与机构的监督。

基金公司只有持有国家颁发的公募基金牌照才能够发行产品，且需要持续受证监会的监管，严格遵守监管机构指定的投资准则，投资对象、信息披露、杠杆率等都有明确限制条件。比如，基金不能投资单一的品种太多，股票基金投资同一只股票的比例不能超过 10%；基金信息披露非常透明，开放式基金每个交易日都要披露基金净值数据。这种投资分散、信息公开的运作要求增强了基金的安全性。

此外，基金公司也受到会计所、审计所、律师事务所等中介部门的监督。基金公司的所有投资行为都需要接受多个机构的审查监督，以保障公司所有的投资运作合法合规，也更好地保护投资者的利益。

二、如何选择公募基金？

1. 公募基金选择中的错误认知

错误认知一：坚信基金的历史业绩能持续。

投资者买基金，最容易根据基金的历史业绩排名进行决策，总以为过去业绩好的基金未来的业绩也能保持下去。但我们做过相关的统计，分别截取 2002—2006 年、2007—2011 年两个 5 年时间段，各自做业绩对比实验，发现基金的历史业绩并不能持续，看排名买基金其实并不靠谱（如图 8 - 3 所示）。

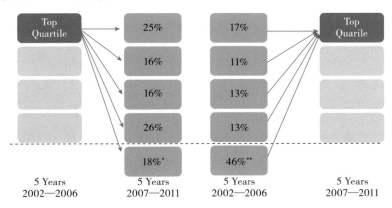

图 8 - 3　基金在 2002—2006 年、2007—2011 年两个时间段的业绩排名情况

第一步，我们选取了前 5 年时间段里排名前 20% 的基金，统计他

们之后5年的收益排名，其中只有25%的基金仍然排名前20%，剩下的基金排名分散，有18%的基金甚至排名垫底，这说明历史的高收益并没有延续性，无法保证之后也能获得高收益。

第二步，我们选取后5年时间段里排名前20%的基金，观察他们在之前5年里的收益排名，结果发现其中将近一半的基金排名垫底，排在最后20%，这说明历史的低收益也没有延续性，不能就此否认之后获取高收益的概率。

所以，单纯地看历史业绩排名选基金，是典型的错误"姿势"。

错误认知二：神话热门基金经理。

2020年，公募基金市场出现了很多热门基金经理，由他们管理的新发基金动辄规模上百亿，背后是投资者对于这些基金经理的追捧跟随。某基金经理甚至在微博上拥有了自己的后援会，成为基金界顶流。

诚然，基金经理掌舵一只基金的具体投资运作，密切关系到最后的业绩水平，基金业绩确实会受到基金经理水平的影响。一方面来说，每个基金经理精力有限，都有自己擅长的行业和方向，不可能所有方向都面面俱到；另一方面，基金经理不是自己一个人单打独斗，更多的是依靠背后基金公司提供的投研团队，基金管理是个系统工程，基金经理只是这里面的一颗小小"螺丝钉"。

我们找到市场里大热的一只百亿基金"诺安成长"的热门基金经理，研究基金规模增长背后的配置秘诀。仔细观察这只基金的股票行业配置，就会发现这只主动型混合基金赌博似的把资金都重仓到半导体行业，2019年受益于半导体行业的行情一波大涨，但之后的业绩受半导体市场行情的转变而出现剧烈波动。神话级的热门经理可能因为某段时间赌对行业大涨而获利，一旦市场风格发生变换，他们同样无力回天（如图8-4、图8-5所示）。

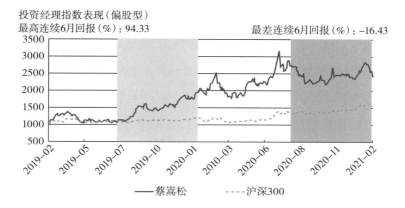

图 8 - 4　基金诺安成长的收益情况

图 8 - 5　基金诺安成长的持仓情况

　　所以，我不得不提醒大家谨慎对待明星基金经理，基金经理不是上帝，并不能改变市场规律，我们不能过分依赖基金经理对基金业绩的贡献。

　　错误认知三：迷信基金荣誉。

　　很多投资小白因为自身不具备专业金融知识，难以辨别市场上种类繁多的基金，便非常依赖专业机构给予基金的评级荣誉，因为这些评级大多有银河证券、《中国证券报》等专业权威机构背书，更加提高了投资者对这些评级水平的迷信。

那这些评级到底靠不靠谱？我们先来了解一下这些评级荣誉是怎么得出的？恰巧我曾经任职银河证券基金研究中心的研究总监，也是我一手创立了银河证券的基金评价体系，因此对于这些结论的评选过程我再熟悉不过，其实就是简单粗暴地参考过去的业绩/风险比值，从而进行排名，靠前的基金就可以拿到五星评级。

有权威机构的加持仅能够说明过去的业绩不错，但是无法对基金的未来业绩做任何保障，退一万步说，有一天这些基金亏损了，你也不能找这些评价机构说理。作为一个理性的投资者，我们还是不要被这些表面的荣誉所迷惑。

2. 选择公募基金的方法

前面提到了公募基金选择过程中的一些常见错误认知，现在就来给大家介绍正确的选择"姿势"。

公募基金分类有非常多的方式，尤其想要细分市场、行业的话会是一项非常庞大的工程，鉴于篇幅有限我们无法一一介绍，主要还是从基金投资的资产类别这个角度进行考虑，划分为股票基金、债券基金和货币基金三大类。因为货币基金间业绩差异不大，暂不做分析，重点从股票和债券两个方向来入手。股票方面考虑到运作模式的差异又分为主动、被动两个类别，债券因为指数类基金数量有限，不再单独划分出来分析。

（1）主动股票基金的筛选

第一步：看基金管理人。

基金的投资有很复杂的流程，一般来说，基金公司里会先有个投资决策委员会，这个委员会会根据大的市场形势，给每个基金的仓位调整设定一个范围。比如这支基金本身允许股票的投资范围是30%至90%，投资决策委员会今年看好股票，那给这支基金今年的股票仓位调整范围就是60%至90%，基金经理只能在这个范围内变动。同样，对于投什么样的大方向，甚至具体投什么样的品种，都是有限制的。基金公司要求基金经理只能在公司统一定制的股票池子内选股票，不在池子里的不许投，什么股票可以进池子，哪些行业的股票进池子的多，这些也是由公司统一来定的。

所以，基金经理的自由度并没有想象的那么大，并非想怎么投就能怎么投，基金公司才是基金投资的第一责任人。相对而言，规模大的基金公司实力强的概率更高，所以，大家可以在规模排名的前1/3基金公司里去挑。

第二步：看基金经理。

虽然我们在第一步提到基金经理对基金业绩的影响不是最大，但是不同于被动跟踪指数基金比较基准就行，基金经理在主动运作股票基金中还是有很大的操作管理空间。毕竟我们都能发现，即使最头部的基金公司发售的基金，业绩间还是存在很大差异，基金经理的功劳就体现在这里。

我认为，一个好的基金经理的基本要求是：经历过血、泪和时间的历练。

第一是血，是说要管理过客户的血汗钱。管理别人的钱和管理自己的钱是不一样的，管理别人的钱其实压力会更大一些，能扛过这种压力才能成功。

第二是泪，是自己的失误之泪，要吃过足够多的亏。一个好的基金经理，绝对是靠拿基民的钱吃亏吃出来的，没有人天生就会投资。

第三就是时间，要在各种各样的市场行情中摸爬滚打过。

经过血、泪、时间的考验之后，还没有垮的，还能成功出来的，才是个靠谱的基金经理。根据我的总结，这样的基金经理会有以下两个表现：少年和老成。

所谓少年，指的是基金经理要入行早。

基金经理只有早早入行，才能在经历过重重考验、开始成熟的时候，依然年富力强。因为投资是个艰苦而高强度的工作，需要把所有的精力都投入其中。假如基金经理入行过晚，等到他经验丰富、全力施展的时候，可能会因为年龄偏大、精力下滑而影响业绩成果。

具体到现实中，我们可以找到很多大器晚成的实业家，但是投资大师，我们很少会看到半路出家、大器晚成的。巴菲特11岁的时候就开始投资了，但他的投资收益率最好的时候是他30岁之后；中国的传奇基金经理王亚伟，23岁开始入行投资，但真正开始管理让他一战成名的"华夏大盘精选基金"则是11年后的2005年，那一年他刚好34岁，正是年富力强的时候。

所谓老成，指的是得有较长的投资管理年限。

根据统计，截至2020年12月30日，公募基金行业共有2375名基金经理。其中，投资管理年限在5年以下的新生代基金经理数量累计达到了1593名，占比高达67.07%。与此同时，具有5～10年管理经验的基金经理总人数为650人，占比27.37%，而具备10年以上基金管理经验的人数为132人，占比最低，为5.56%（如图8-6所示）。

虽然不是说"老司机"业绩就一定更好，但是通常来说经验丰富的基金经理在应对一些极端情况时，会更加老道。特别是经历过牛熊周期的"老司机"，从长期来看，基金业绩更加平稳。

基金经理的黄金期是年龄在30～45岁之间，从业年限在10年以上，大家可以按照这个标准去衡量一下自己选择的基金经理。

公募基金经理任职年限分布

年限（年）	人数（名）
1年以下	393
1~2年	351
2~3年	317
3~4年	284
4~5年	248
5~6年	301
6~7年	133
7~8年	87
8~9年	76
9~10年	53
10年及以上	132

图 8 – 6　公募基金经理任职年限分布

第三步：看基金规模

指数基金，我们通常来讲规模越大越好，由于被动管理的指数基金仅拟合指数，并不进行主动操作，所以基金经理首先要考虑的是申购赎回对净值的冲击。毫无疑问，规模越大对净值的冲击越小。

但主动型基金则不是这样的，主动型基金规模适中比较好，既不要太大，也不能太小。

规模过小不好。因为基金运作有很多固定的成本费用，一年大约在30～50万之间，基金规模如果太小，分摊到基金每一份额上的成本就高；而对于规模大的基金来说，这个成本基本可以忽略不计。而且规模过小的基金被清盘的风险也高。因此，规模过小的基金最好不去投资。

规模过小显然不好，但是规模过大也不好。

首先，基金经理投资能力圈有限。随着规模的增长，为保证分散性

和流动性，基金经理要将更多的股票产品纳入投资视野，使得其难以集中精力聚焦于可以覆盖的少数股票。而且市场中值得投资的优质股票的数量也是有限的，达不到超大规模基金的选股需求。

比如一个 20 亿的基金可能配置 50 只股票就够了，如果这个基金达到 100 亿规模的话，可能就需要配置 100 只甚至更多的股票。而 A 股市场优质的股票还是比较稀缺的，并且基金经理能跟踪的股票数量更是有限的。

其次，降低了操作的灵活性。主动管理的基金需要基金经理进行主动配置，规模越大的话，调仓进出的时间和成本都会提升，这对于基金经理是个不小的挑战。不是每个基金经理都能像彼得林奇一样，可以操控几百亿的基金。本来操纵 50 亿来去自如，硬要掌管 200 亿的"巨无霸"，挑战可想而知。

最后，降低了策略的有效性。基金的某些选股策略是有容量限制的，一旦规模超过市场容量，则会影响既有基金产品的业绩。比如，选用量化策略投资的基金，由于当前的国内市场对于这种策略的容量非常有限，如果盲目扩大规模就会对业绩产生负面影响，造成得不偿失的后果。

那么，基金合适的规模是多大呢？给大家一个参照范围，目前大约是 2 ~ 80 亿元之间。

第四步：看基金业绩

我们之前说过，很多投资者喜欢根据过往业绩去买基金，这种做法并不正确。基金行业有个冠军魔咒，是说某一年业绩特别靠前的基金，后续业绩不但基本不可持续，反而可能几年都表现不佳。

那这一步说看业绩，该看什么呢？答案是：不要简单地看好坏，而是先要看业绩稳定不稳定。你可以看每年的业绩排名，如果能大多数年份都排在前 1/2，那就比较稳定了。

你可能会说，这个也太简单粗暴了吧！排在前一半就过关，那不是跟我闭着眼睛瞎选的概率一样了？一年前 1/2 是瞎选，可要是两年都在前 1/2 的话，那这两年业绩可就排到 1/4 了。三年呢？前 1/8 了。基金业绩的稳定此是不是冠军更重要。

所以，选择基金时，不要太在意其短期的业绩排名，要更关注它在穿越牛熊市一个长周期内的业绩稳定性，尤其要考察基金在熊市中的业绩表现。牛市里很难看出一个基金经理的真正实力，只有潮水退去，还能保持较高的收益水平，才是真正厉害的基金经理。

（2）被动股票基金的筛选

第一步：选指数

市面上常见的指数大约有上百个，其中基金比较常用来做跟踪对象、拿来做投资的却很少，主要是沪深 300、中证 500、创业板指数和上证 50 等。

从具体分类角度，指数主要可以分为宽基和窄基两大类，宽基指数是一个市场的主流股票组成的指数，指数成份股多，比较分散，例如沪深 300 指数；窄基指数是一个小的领域，比如一个行业、一个板块或者一个题材的股票组成的指数，指数成份股略少，比较集中，例如中证银行指数。投资者可以根据自己的投资需求选择相应的指数。

第二步：选基金

选定了跟踪指数，下一步就是选定对应这只指数的基金。一般来说，跟踪同一个指数的被动基金，业绩不会有太大差别，因为指数基金的运作主要就是被动拟合指数，主动操作的空间很小，基金管理人、基金经理在其中的作用都很小。

基金有很多固定的成本费用，是要从基金资产里支出的，比如要定期在公开媒体发公告、要付费给指数管理公司等。这些都是固定的费用，一年大约在 30~50 万元。这部分支出费用分摊到大规模的基金上，每一份额基本可忽略；可分摊到小规模的基金上，这个差距日积月累，在复利的作用下就变得很可怕了。

所以，跟踪同一个指数的基金，选规模大的即可，其他因素的影响都很小。

（3）债券基金的筛选

第一步：看基金管理人

我们都知道，股票主要在公开的交易所市场交易，所有人都可以参与，却很少有人了解债券是如何交易的。其实债券则主要是在非公开、特定机构参与的银行间市场交易，交易所上市的债券数量很有限，且对个人投资者有相应的资格要求。相较于股票是个人人都可以参与的行为，债券则更像是为高端玩家定制的游戏。

因此，债券是个以机构参与者为主的金融市场，交易信息也更多集中在机构之中。同时，对债券基金管理人的能力也提出了更高要求。相对而言，规模大的基金公司实力强的概率更高，所以大家可以在规模排名为前 1/3 的基金公司里去挑。

其中，有银行背景的基金公司在债券基金的管理上更占优势，比如工银瑞信，顾名思义是以工商银行为背景，建信基金来自建设银行系统。商业银行一直以来都是以类固收投资为主，在债券交易领域有更丰富的投资经验、灵敏的政策反应和广泛的人脉资源，可以为银行系基金管理公司提供投资建议和运营支持。此外，银行目前仍是重要的销售渠道，银行可以通过对投资用户进行有效引导维护，更好地保持基金规模的稳定性，帮助基金经理把自己的投资理念长久落实下去，减少申赎影响，最终利好基金业绩的提高。

第二步：看基金经理

首先，得研究广，经历丰富。

我们熟知的股票市场是场内交易，所有投资者在证券交易所内公开公平竞争，投资者获得的买卖资格条件是一致的，最后就是出价高者优先，所有交易信息都很透明。

但债券市场的交易主要是在场外、柜台交易，极不公开，很多交易不挂牌，是在场外交易的，又叫柜台交易。

什么叫柜台呢？买方卖方坐在一块儿，隔着柜台捏手指头，一对一交易，我作为卖家为什么要和你捏手指头呢？因为我俩熟啊，以前交易过。债券经理只有熟悉这些市场，才能找到交易对手，找到好的债券。

因此，债券交易要求基金经理从业经历越丰富越好，不同券种都有所涉猎。最好经历过各种各样的市场，有足够熟悉的人脉资源，银行、券商、交易所都有信息来源。

然后，得研究深，能力扎实。

债券交易主要是在机构之间展开，都是对手，你就很难靠别人的愚蠢赚钱，不像股票市场，散户很多，你还可以去割一割散户的"韭菜"，债券机构市场里，大家对信息的反应都很快。

所以，对债券经理的研究功底要求很高，需要对影响债券的要素很熟悉，能及早预测或判断政策变动，比其他专业的机构更早调整策略。比如政府要降息，债券肯定涨，股票市场可能会等到降息信息真正出来后才有反应，但债券市场都是机构玩家，机构可能很早就已经从各种蛛丝马迹猜出来要降息了，等降息信息真正公开时，厉害的基金经理早已结束相关交易。

因此，债券基金对基金经理的要求很高，研究能力既要广又要深，

只有专业能力强过其他基金经理才能赚到钱。

第三步：看基金规模

第一，优秀的债券份额是有限的。所以债券基金的规模越小，基金经理更容易把资金更大比例地分配在优质资产上。如果规模太大，则不得不配置一些资质相对平庸的债券。

第二，债券基金规模适中，单只持仓债券的规模越小，则流通性会更好，基金经理的操作也会相对更灵活。但是必须要注意，规模也不是越小越好。如果规模太小了，一旦出现投资者集中赎回的现象，容易造成基金兑付困难，会影响基金经理的投资操作。

通常，我们把规模在 5 亿~50 亿作为债券基金的最佳挑选范围。

第四步：看基金风控能力

债券本质上可以简单地理解为一张借条，这张借条上确定了债券的期限和收益率，承诺到期归还固定的本金和利息。因此，理论上如果一直持有债券，到期就能有确定的收益到手。中间债券价格的涨跌无需担心，而且价格波动也不会太大，造成的债券基金净值波动也不会太大。

但在实际中，并非每个企业的经营状况都能持续良好，并非每个债券都可以到期付息。债券一旦踩雷很难在短期内偿付，债券价格也会面临到断崖式的下跌，导致持仓它的债券基金收益大幅下降。

因此，债券最大的风险就是踩雷，企业到期后还不上本息。尤其是最近几年，债券违约数量和金额都在不断上涨，刚兑已经被打破。所以，我们对债券基金团队鉴别信用债风险水平能力的要求提高，良好的信评、风控能力对于一只债券基金很重要。

整体来说，公募基金的选择可以遵循以上提到的这些步骤，有公募基金共同的影响因素，也有因为投资品种差异造成的不同因素。其实，影响基金选择的因素非常多，我们提到的是针对该类别最为重要的因素，没提到的也会有影响，但不是那么重要的因素，或者说是不会一直持续的因素。投资者可以参考我们上面提到的方法，再结合自己的经验总结出自己的详细筛选方法。

第九课　保险——家庭财富的"安全绳"

要点

1. 保险的价值其实通常不是真发生问题时的保障，它是家庭财富安全的保障。

2. 保险保障做得好，可以投资的资金反而更多。

一、补充保险的必要性

1. 我们为什么需要保险？

很多人对保险有误解，觉得大部分时候用不上，真用上的时候也解决不了问题。还有些人更不理解，为什么把一个保障意外的东西放在理财中。

事实上，保险确实保障的是低概率事件，之所以把这个也放在理财规划中，是因为如果这些低概率事件得不到保障，就会浪费更多的钱和机会，理财行为就不能持续很久。

人都可能得病，得小病小灾那是肯定的，得大病的概率并不高，但是一旦得大病，第一必须治疗，第二需要支出的也不是小数目。

那么，我们怎么防备这种事情呢？第一种，留足这笔钱，换个心里踏实。但是，意外之所以是意外，就是你无从知道它何时发生，所以这

144

笔钱一定是要随时能用到。

回顾一下我们之前说到的，如果要随时能用，钱只能放在活期理财里，而活期理财，收益率是最低的。也就是说，为了防备这种小概率事件，我们的钱没有充分利用起来，被浪费了。

那么你说了，我不管了，既然是小概率事件，我赌它不会发生，也不留这笔资金。

可是万一发生了呢？发生了，要么立刻返贫，要么束手无策。

即便不发生，你的心态还是会受影响的。如果你手头没有随时可用的应付意外的资金，你的风险承受能力其实是会变低的，因为当亏钱的时刻到来，那你要用钱却无钱可用，该怎么办呢？

风险承受能力降低意味着什么呢？回去复习一下第 4 课的内容，风险承受能力是我们的资源，这个资源变少，也同样意味着资金的浪费。

所以，保险不光是保障意外，它其实更多的是保障你的理财行为能够持续下去。保险做得好，看上去是花了点钱，但其实是在帮你赚到更多的钱。

当然，前提是必须得把保险保障与其他理财规划结合起来。否则，保险保下来的投资时间和风险承受能力，会被浪费在不合理的理财行为中。

2. 保险服务亟待提升

根据银保监会数据，2019 年全国各地区保险保费收入 42645 亿元（约 6094 美元），同比增长 12.17%，位列全球第二，与美国 2019 年财险保费收入相当（6219 美元）。但保险深度、保险密度尚未达世界平均水平。

保险深度（保费收入/GDP）反映了保险业在整个国民经济中的地位，2019 年我国保险深度（保费收入/GDP）为 4.3%，相比 2018 年提高了 0.08 个百分点，但仍远低于瑞士再保险股份有限公司统计的 2018 年全球平均数据 6.09%。

保险密度（保费收入／人口数量）反映了平均一个人花多少钱买保险，2019 年我国保险密度（保费收入／总人口）为 3046.07 元（约 435 美元），相比 2018 年增加了 300 多元，增长了 11.82%，但也远低于瑞士再保险股份有限公司统计的 2018 年全球平均数据 682 美元。

可见，国内保险业务的发展仍有很大的提升空间，很多家庭的保险需求并没有得到满足。

3. 保险市场乱象丛生

家庭的保险配置亟需提升，但实际中的保险市场却是乱象丛生、鱼龙混杂，加剧了投资者对于购买保险的困惑和担心（如图 9 - 1 所示）。

图 9 - 1　投资者购买保险的困惑

首先，保险是一种复杂产品，主要体现在"贵"和"坑多"：一方面，保险产品一般都不便宜，尤其是长期险，每年都得交一笔，还得交好几年甚至几十年；另一方面，保险产品种类多、相似产品多，保险条款枯燥难懂，完全依靠自己的判断选择保险有诸多困难。

其次，市面上买保险的渠道很多，部分线下代理人专业素质不够、销售意图过强，完全依据佣金的高低推销产品。

保险市场的混乱和投资者的困惑问题，最终导致很多用户盲目地购买了不合适的保险产品，要么不划算，要么根本就达不到保障需求，陷入保险误区之中。

4. 投资保险常见误区

理财魔方自 2018 年开始对上千用户的保险购买情况进行了摸排和分析，发现购买保险的用户中，95％以上存在保障不全、买错保险、买贵保险的情况。很多用户在投资保险产品时都陷入以下误区。

（1）返还型保险，不花一分钱，就能得保障？

有些人在配置保险时，期望一张保单既能有保障又能有分红，一举两得，就是所谓的返还型保险。这类保险本质是保险公司多收取一部分保费去投资，在保险到期时，用这笔多收的保费的投资收益去返还，当做消费者的理财收益。

保险公司都有专业的精算师来计算风险和收益，看似既能保障又能理财的保险，实际是保障比不过纯保障型保险，收益也低于普通理财产品，最终是两边都想做，两边都做不好。

因此，经常会碰到投资者购买了几万元的重疾保险，但却仅仅保了很低的疾病保障额度，完全没有起到抵御重大疾病风险的作用。原因就在于这是一份偏向收益返还型的两全保险：你要保的是重疾，其实人家卖给你的主要是收益返还，重疾只是个价值不大的附加品。

（2）再穷不能穷教育，要给孩子购买足额的教育金？

教育金属于年金类保险，是理财型保险的一种。一方面，其收益基本低于同期银行存款利率；另一方面，教育金保费较高，所提供的保障却不多，孩子最需要的意外、医疗等保障，教育金根本无法提供。可

见，父母高额投保的教育金不但没有办法保障孩子的基本需求，还会损失掉很多投资收益。

（3）能连续续保的保险产品就一定能续保？

连续续保≠保证续保，把它们当作一回事就大错特错了。前者续保通常要满足一定条件，如产品停售、被保险人出险理赔、公司审核决定是否续保等，都是影响续保的因素。而保证续保则是无条件续保，不受上述因素的影响。

（4）投保时可以隐瞒疾病，反正保险公司不知道？

不少人在购买保险前，会抱有侥幸心理，以为瞒过保险公司让保单生效，就没问题了。但事实并不是如此，保险合同中规定，投保人必须履行"如实告知"的义务。如果投保人知道自己已患病或有家族病史，但在投保时因为担心被拒保或涨价而隐瞒，就会为索赔埋下隐患，最终在理赔的时候被拒赔，白白花了冤枉钱。

（5）为孩子购买一系列保险，自己却"裸奔"？

现实中，很多家庭愿意为孩子配置高额的保险保障，但却没有给自己配置保险。其实对一个家庭来讲，父母才是孩子最重要的保障。如果家庭主力自己出现问题，生病都没钱治，又拿什么来保护孩子呢？而且，还会导致孩子高额的保费没办法持续，相关的保障也会失效，到时既保障不了小孩的生活，也保障不了自己的安全。家庭财政支柱出现问题所导致的经济困境，才是孩子面临的最大潜在风险。所以为家庭购买保障型保险，应本着"先大人，后孩子"的原则。

（6）有亲戚朋友在保险公司，优先从他们那儿购买？

大家身边都不乏有在卖保险的亲戚朋友，相信他们也会时不时地跟你沟通推销一下产品。不过作为一名保险代理人，他仅能提供所在公司的产品，完全做不到"货比三家"，更做不到从所有保险公司的产品中择优选取，组成性价比最高的保险组合。因此，通过亲戚朋友购买，多花冤枉钱是无法避免的。

二、什么是好的保险规划服务？

那么，如何解决前面提及的那些问题呢？我们以理财魔方为例，讲一讲应对方法。

1. 人工智能如何赋能保险服务？

为了解决乱象丛生的保险市场和用户普遍遭遇的保险误区，为用户带来更好的体验、更有价值的服务，理财魔方上线了自己的保险规划业务，由专业的第三方保险规划师在家庭保障规划中发挥重要作用，为投资者家庭定制专属的保险方案。与原有的活期理财、稳健投资、长期投资一起，共同形成多账户的财富管理系统。正如理财魔方在基金行业中改变了靠佣金生存从而经常伤害投资者利益一样，理财魔方也期望在保险行业改变类似的现状，帮客户量身定做保险保障方案，不让客户多花一分冤枉钱。

理财魔方运用人工智能技术在保险服务业务中发挥作用，结合 AI + 专家的方式，从确认需求到协助投保的不同阶段，由 AI 或者专家或者二者结合提供侧重不同的服务。正如毕马威发布《2018 金融科技发展脉搏》报告中认为，人工智能及机器学习技术将重新定义保险业务。

具体来说，理财魔方推出的保险服务可为客户提供资深保险规划师一对一服务，从 68 个维度分析客户家庭财务状况和风险状况，定制家庭保险最优配置方案，并从 8000 多种保险产品库中为客户选择最为契合的产品，为客户讲解方案，处理特殊需求并协助投保。

丰富的产品库及一对一服务，最大化地避免了传统保险代理人佣金导向的推销方式，能够从客户立场出发，并且专注重疾、意外、寿险等保障型保险，科学配置符合家庭保障需求的保险规划方案，实现高保额、低保费。

我们组建的保险团队有多年保险经验，由精算师带队，帮用户找到最适合、性价比最高的保险产品，用最少的钱买到最大的保障。推荐的保险产品也都是纯消费型保险产品，不推荐任何理财类保险。未来我们希望把保险会员升级为健康会员，引入更多与健康相关的服务，如养生课程、健康测评、体检服务等，帮助用户家庭拥有更加健康的生活。

2. 魔方保险模块介绍

理财魔方在正式推出保险业务前，进行了大量的用户调研和内测，发现大家关注的焦点集中于正确的投保观念、具体的产品挑选、后续的理赔服务这三大类上。于是我们设计了6大服务流程，分别应对用户在投保前、投保中、投保后三个环节遇到的问题，让用户体验到更具针对性的服务（如图9-2所示）。

图9-2　理财魔方保险服务流程

（1）投保前的服务

图9-3　理财魔方投保前预约专家进度

理财魔方 APP 内会详细显示用户的投保流程，投保前主要有5个步骤：

一是完成评测，详细了解用户的家庭、收入、已有投保情况，准确了解用户的真实详细情况，为用户提供更有针对性的保险方案做好准备。

二是预约沟通（如图9-3所示），APP 会为每位用户匹配专属的规划师电话沟通，时间大概在15分钟左右，主要沟通方向有以下三个方面：第一是和用户确认信息填写是否准确完善；第二是和用户沟通保险需求，为用户科普保险信息以及分析已有保单是否合理；第三是总结整理用户的保险需求，进行查漏补缺，完善用户家庭的保险保障。

下面是一份理财魔方的规划师对用户已有保单的分析（如表9-1所示）：

表 9 - 1　理财魔方规划师保单分析

险种	产品	保障内容	保额
年金险	阳光人寿康尊无忧年金保险，附加康尊无忧重大疾病保险	身故＋生存金＋满期金 5次18种轻症20%＋2次12种中症50%＋50种重症100%＋3种严重重症150%	重疾额度45万元
两全险	华夏福两全保险，附加重大病保险	身故＋祝寿金 3次42种重症25%30%35%＋82种重症100%	重疾保额10万元
两全险	铂金樽两全保险（分红型），附加重大疾病保险	20年定期保障 身故＋满期金＋分红 41种重症100%	定期重疾保额10万元
两全险	华夏黄金甲两全保险（分红型）	16年定期保障 身故＋满期金＋分红 40种重症100%	定期重疾保额10万元
两全险	在线理财计划两全保险（投资连结型）	6年定期保障 身故＋满期金	525元

（王先生）

1. 首先我们的保险意识非常强，几年前已经陆续规划了保障。目前王先生纯保障性质的保险是没有配置的，多数为年金险和两全险，主打身故和资金返还。两全险从带有理财性质的角度来看，在疾病保障上不占优势，加上产品配置的比较大了，与目前线上产品的赔付比例和性价比对比有一定差距的。随着保险产品的更新换代，更建议是把大病责任保障（寿险），家庭责任保障，三份保单互不影响，不会造成赔付重疾后身故责任也就结束的情况。

2. 目前第一份年金险的保费是1.5万元，从大病保障程度来说保性并不高。重症只有50种，轻中症额度不高，假设40岁年龄去配置一份45万元的纯重疾险，保费只占它的一半。根据王先生的年收入可以测算45万元的重疾不足以抵御大病后收入损失的问题，所以建议叠加部分大病额度使保障更充足，再补充定期险种，这类保障性价比高的可以作为额外补充。其余保险年金并不常规划，建议在长期保障有必要做足额度，寿险是非常重要的责任，可以暂时不考虑退保（原先保单不考虑退保的情况下）。

3. 王先生目前是家庭医疗和意外医疗支出不高，建议是家庭的经济来源、承担了家庭顶梁柱责任，如果公司有团体医疗保障的，以暂付常有必要做足保障风险。一年期的补充医疗和意外险暂时是没有的，如果公司有团体医疗保险的，以暂付常有必要做足保障，如果患时不补充，可以考虑患补充一份完善保障。

　　第三步与第四步会帮助用户梳理风险、讲解方案，规划师一般会与用户电话沟通 2 到 3 次，每次 30 分钟左右，依据用户的保险侧重点和预算范围，不断完善细节，定制最符合用户需求的高性价比方案。以下截取了理财魔方家庭保障方案建议书的一部分内容（如图 9 – 4 所示）。

图 9 – 4　理财魔方家庭保障方案建议书

最后一步就是协助用户完成投保流程。

（2）投保中的服务

投保中，保险规划师会详细和用户沟通保险条款，确认后续投保有效（如图 9 – 5 所示）。

重疾险 健康保2.0重大疾病保险

性价比指数 ★★★★✦   保障指数 ★★★★✦   品牌指数 ★★★★

配置原因
保障责任更加全面，性价比高，纯重疾保障

产品特点
单次赔付重疾地板价，首创重疾津贴、实用性超强，无职业限制，责任多样，灵活可选

保障内容
1.重大疾病：疾病种类110种，赔付1次，赔付保额
2.中症：疾病种类25种，赔付2次，赔付金额50%*保额，不分组无时间间隔
3.轻症：疾病种类50种，赔付3次，赔付金额30%/40%/50%*保额，不分组无时间间隔
4.可选成人特定疾病：男性特定疾病13种，女性特定疾病8种，额外给付50%*保额
5.可选少儿特定疾病：少儿特定疾病20种，额外给付100%*保额
6.可选恶性肿瘤保险金：100%*保额
7.可选重大疾病医疗津贴保险金：5年内每年给付10%*保额
8.被保险人豁免：被保险人轻症/中症豁免后续保费
9.可选身故、全残及疾病终末期保险金：返还已交保费

案例演示：
▇▇▇ 今年30周岁，为自己投保了一份昆仑健康的《健康保旗舰版重大疾病保险》，并投保了成人特定疾病保险金、恶性肿瘤保险金、身故/全残及疾病终末期保险金。保险金额:50万，保障至终身，30年交，保费8695.33元。

所获得的保险利益：
重大疾病保险金：50万元；中症疾病保险金：25万元；第一次轻症疾病保险金：15万元；第二次轻症疾病保险金：20万元；第三次轻症疾病保险金：25万元；成人特定疾病保险金：25万元；恶性肿瘤保险金：50万元；身故/全残及疾病终末期保险金：返还累计已交保费；豁免保险费：豁免后期保险费。

公司介绍
昆仑健康保险股份有限公司于2005年12月29日在北京成立，以"治未病"为核心理念，以个体人的健康状态为中心，以管理个体人的健康风险为基础，以系统改善和提升个体人的健康状态为目标，为客户提供全面、个性化的融健康文化、健康管理、健康保险为一体的健康保障服务。

图9-5　保险规划师在投保中沟通保险条款

（3）投保后的服务

投保后，用户可以在 App 看到保单的所有信息，包括累计保额和保费，被保险人人数及其对应保单。点击被保险人下方的保险，即可查看保单的详尽信息，包含保单状态、保费及缴费期限、保险责任等（如图9-6所示）。规划师也会一直跟踪用户的保险合同，假如出问题会协助用户理赔，也会在保险到期前提醒用户续保。

图 9 - 6　用户投保后保单展示

3. 魔方专业保险规划师服务流程

（1）信息收集

保险的购买与投资者的性别、年龄都是挂钩的，部分险种对于职业也有要求，只有提供全面的基本信息（包括出生年月日、居住地址、性别、联系方式、职业类型、家庭收入）后，规划师才能更加快速地为客户精选出合适的产品定制方案，既保证了产品选择的合理性，也提高了服务的效率（如图 9 - 7 所示）。

图9-7 理财魔方保险服务评测填写内容

（2） 沟通保险理念

规划师会详细和投资者沟通保险理念，介绍保险知识，方便用户更加全面地了解保险配置的相关信息，帮助用户更好地明确自己的购买需求。

（3） 需求分析

不同家庭的结构不同，相应承担的家庭经济责任不同（比如房贷、车贷、生活开支、老人小孩的开支等）。规划师会根据用户不同的年龄、健康程度、家庭财务状况，从国内众多保险公司中挑选出适合投资者的产品组合成方案，真正做到为每个用户量身定制保险方案。

（4） 方案设计

投保人的健康状况是保险方案设计中最大的"门槛"。如果体检报告中有异常指标或既往病史，需要如实告知，以免在日后理赔过程中出现争议。

医生口中的小毛病，但并不代表买保险就可以不用告知，临床医学与核保医学是有区别的（如图9-8所示）。比如：甲状腺结节、乳腺结节、高血压、血常规异常、乙肝、血管瘤……诸如此类的问题，都有可能成为投保路上的"拦路虎"。

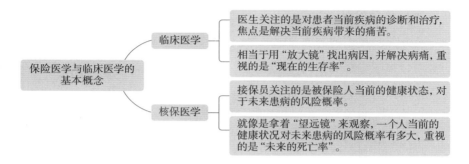

图9-8　保险医学与临床医学的基本概念

　　保险公司看的是某个小异常指标在未来的发病概率。因此保险不是想买就能买到，也不是每个人都能买到。保险能不能买还得取决于自己的身体健康情况。

　　保险规划师会根据各个保险公司过往的核保情况，对于有状况的客户，尝试投保多家保险公司，以便能帮客户匹配核保结果更好的产品。

　　（5）方案讲解

　　与客户确定好保险方案之后，保险规划师会解释各个险种对应的产品保障与条款，回答客户对保险方案中的所有疑问，让客户清清楚楚地了解保险，明明白白地购买到合适的保险。

　　经常有人调侃保险这也不赔，那也不赔，而保险常见的不赔项目如图9-9所示，所以只要做到如实告知，规划师会结合客户的情况推荐合适的产品，不存在拒赔的风险。

图9-9　常见拒赔项目

（6）协助投保

魔方保险规划师的展业区域是全国，不管是外地的客户，还是本地的客户，都不会影响咨询。规划师可以发送投保链接给客户自助在线投保，也可以由规划师填写完基本信息之后再发送给客户投保。

（7）后期服务

合同的落地只是服务的开始，保险是伴随一生的服务。魔方的保险规划师会持续为用户提供保险科普、保单维护、理赔协助等后续事项。

4. 魔方保险规划案例

最后，可以通过一个魔方真实的保险案例，更加细致地观察到魔方保险规划服务的效果。在维持保额不变的前提下，魔方共为该用户节省了64.6%的保费支出（如图9-10所示）。

图9-10 理财魔方保险规划案例展示

第十课　为什么理财需要"定制"？

要点

1. 理财是一项很专业的工作，需要有丰富的专业积累和经验，不是个人随随便便就能掌握的。

2. 理财的目标是让客户挣到钱，满足客户各种各样的财富需求，所以投资顾问需要针对不同的需求来"定制"理财方案，"定制"是理财服务的核心。

一、理财的过程和治病很相似

前面几课里，我们理解了为什么能通过理财赚钱：因为我们能持有一段时间，能承担一定的风险，而在这段时间里承担合理的风险（"好风险"）是可以带来收益的。同时，也讲了怎么通过资产配置来把好风险换成收益。甚至我们可以通过保险给自己的理财规划也"上个保险"。

读到现在，你肯定已经信心满满，觉得自己掌握了理财的所有要诀——足够了解自己、足够了解市场，可以出发去挣钱了。

但其实理财是一项很专业的工作，需要很多的专业积累和经验，不是个人随随便便就能掌握的，是需要理财机构来密切参与的。

比如，我们会不会因为看了本医学书籍就信心满满给自己看病？肯定不会。因为看病是个很专业的事情，首先得辨症，然后根据病人的病情确定治疗方案，之后还要根据病人的治疗情况调整方案，直至治愈。

这个过程有两个特点：第一是个性化，每个人得的病不一样，拿同一套治疗方案去治疗不同的病人，那不是医生，是卖"大力丸"的。第二是伴随式，治病的过程得随着病人的情况和周围环境而变动，而不能一个方子就解决所有问题。本课我们讲一讲，个性化定制为什么是必须的。后面一课再讲讲伴随式服务究竟有什么用。

我们前面已经说过，理财包括两个流程：了解资金期限和自己的风险承受能力，提供符合期限和风险承受能力的投资方案。

了解自己的过程，就是辨症的过程。但了解自己，其实并不容易。

我们来看一个客户认为自己的亏损承担能力与实际的亏损承担能力的比较（如图 10 - 1 所示）：

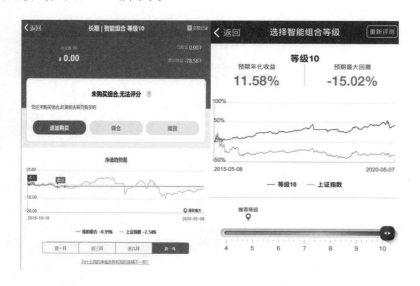

图 10 - 1　风险等级 10 投资者实际与预期亏损能力

这是理财魔方一个风险 10 级赎回用户的收益展示情况。风险 10 级是理财魔方智能组合中风险等级最高的产品，意味着这个风险等级产品的预期年化收益率最高，同时预期最大回撤也最高。

但观察这个赎回用户的收益情况，可以发现用户的风险承受能力非常低，无法承受任何净值的波动，购买组合一个月左右后，组合亏损还不到 1% 就赎回。而在产品介绍中，这个风险等级组合相应的最大亏损是 15%。可见用户一心都是想着怎么赚取更高收益，却对自己风险承受能力高估得离谱。

就这么一个简单的风险承受水平，客户自认为的数据和实际情况之间的差异非常巨大。可想而知，用户对于自己知识能力的认知、理性程度的认知、贪婪和恐惧的认知，差异会更大。所以，真正认识自己这件事很困难，就像治病时要了解自己得的是什么病也很难。有时候，我们从表象判断出是头疼，但深入辨症之后发现病因是脚，这种情况极其普遍。

在理财过程中，了解自己的情况以后，要根据自己的情况再结合市场的情况、产品的情况制订理财方案，这个难度更大。

二、投资顾问相当于一个"理财医院"

就像治病，我们需要一个医院，对于投资，我们也需要一所理财医院来帮忙。这所理财医院，就是投资顾问。所以，我们需要一个投资顾问来帮助我们。

那我们需要什么样的投资顾问呢？或者什么样的投资顾问是好的投资顾问呢？

在回答这个问题之前，我们先来梳理一下，在我们"治疗"理财这件事情上，有哪些机构存在，他们又分别代表什么角色。

医疗行业里存在这样几个角色：药厂、药店、医院。这些角色在理财行业里一个不缺，都有对应的机构。

药厂对应基金产品所属的基金公司，药店对应第三方销售平台，医院对应投资顾问。具体以药厂、药店与医院的关系作为案例，我们可以更形象地说明问题（如图 10 – 2 所示）。

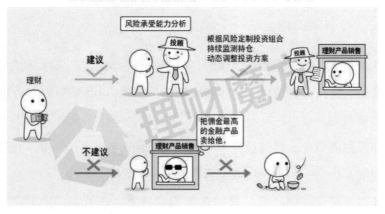

图 10 – 2　理财治疗图

从医生治疗方案的图片中可以发现，自己生病后直接去药店，只会被蒙骗，拿到又贵又不管用的药品，浪费钱不说，还会延误病情，更甚者会触及性命安危。生病后正确的方式是到医院接受医生的专业诊断，从药店拿到符合自己病情的药品。

可见，要想治病，医生的对症下药是非常关键的一环，因为每个病人的体质、病情、病理都不完全相同，需要依据每个病人的特点制定对应的治疗方案，并且根据病人病情的变化情况灵活调整，只有这样才能达到最佳治疗效果。

同样，对应到我们的理财投资，对症下药也是最为关键的一个步骤，这里进行诊断的医生就是我们专业的投资顾问。投资者只有接受专业投资顾问的建议，才能获得符合自身财富水平、心理承受能力和未来需求的定制投资方案，以及后续的产品跟踪服务。否则直接通过第三方销售平台购买，只会被推荐那些佣金高的产品，最后轻者损失本金，重者倾家荡产。

现实中，传统的金融体系对于投顾业务的重视力度不足、定位不清晰。我们传统的金融体系里非常重视药厂（基金公司），也很重视药店（第三方销售平台），但是对于医院（投资顾问）这个角色，既不重视，也没有清晰的法律定位。

可是期望让药厂治病或者让药店治病，这都是不现实的，只有尽早给医院（投资顾问）明确地位，把治病的主要责任放在医院（投资顾问）身上，才能真正解决投资者赚不到钱的困境。

所以，我们现在的金融体系亟须投资顾问服务，需要专业的投资顾问针对每个客户进行单独的配置方案定制和产品后续的跟踪管理。这样精细到个人的理财指导，才是真正的千人千面智能投资顾问，才能高效地为更多投资者提供专属理财服务这也是理财服务必然要实现的方向。

三、定制：良好的理财服务必须满足的条件

理财和看病是很像的。患者来看病，医生不能简单卖药给他，让他自己去解决问题。医生要根据他的状况，量身定制治疗方案，再根据病情变化，调整方案。

同样，理财的目标是让客户挣到钱，满足客户各种各样的财富需求。投资顾问要去了解不同客户的不同需求，并针对不同的需求来定制个性化的理财方案。定制，是个性化理财服务的核心。

首先，投资顾问必须得站在客户的立场上。然后，投资顾问提供的服务必须得是个性化的。最后，投资顾问提供的理财服务必须是伴随式的。任何一个客户进入理财魔方体系的时候，都需要基于上述三个方面为他设计服务方案。

客户没赚到钱通常是因为投资行为太短，我们要做的是让客户的投资期限延长。当一个客户进来时，每一个投资顾问服务设计都应指向这个方向。这样一来，客户不需要做太多的心理斗争就能达成长期投资的意愿。

举例来说，组合收益率不会做得特别高。因为伴随着预期收益率提升，组合的波动率必然提升。如果把组合收益提升了，客户会有99.9%的可能在亏损20%的时候就"杀跌"退出了，最终拿不到高收益。所以，宁可选择把收益率压下来，也要做到让绝大多数客户挣到钱。如果抱着为了帮助自己树立一个"高业绩"的光辉形象而不顾及多少客户真正能挣到钱这个目的，这绝不是客户立场。

当市场好的时候，客户有争取高收益的冲动；当市场特别不好的时候，客户有快速离场、避免煎熬的冲动。坚持客户立场，但也不能忽视客户的心理需求。

　　理论上来说，时间可以熨平波动，选到了好的标的，拿的时间足够长就一定能挣到钱。但是很多客户即便选到了好标的，如果价格波动太大，他也拿不住，投资顾问就需要帮他把风险降下来。此外，当市场的机会特别好的时候，投资顾问即便告诉客户不要冲动也是没有用的。

　　当市场比较好的时候，投资顾问应该提供适应好行情的投资组合，但是必须要求客户仅仅把资产的一小部分配置在这种组合里，加上智能组合打底，客户赚钱的可能性会大大提升。如果单纯投资热门组合，赔钱的概率是比较高的。作为投资顾问，不能为了给自己树立光辉的形象，而不考虑客户的实际感受。所以，投资顾问既不能随风起舞，迎合市场，迎合客户的冲动，也不能沽名钓誉，只做自认为正确的事情，完全不理会客户的心理感受。

　　理财魔方的个性化投资顾问服务主要包括两个方面：一是客户的动态识别，二是组合的动态管理。

　　客户的动态识别，不仅包括客户的年龄、性别、职业、收入等基础信息，还包括用户情绪和风险承受能力的识别。并且这种识别是实时的，即随着客户情况的不断变化，实时更新。

　　组合的动态管理，是指在投资顾问业务里，投资端的主要任务是把风险控制住，而且这个控制要是动态的。也就是说，客户的心理底线变了，投资端必须随时响应。从一开始，理财魔方就为用户个性化定制了匹配其风险等级的资产组合。用户在持有过程中，理财魔方人工智能能实时监测全金融市场各类资产的情况，动态调仓。只有这样，才能全方位为客户定制符合其需求与心境的良好理财服务。

第三部分

伴随式服务

一个人的理财目标

理财和治病非常相似，只有药肯定是治不好病的，得有医生望闻问切诊断开方才行。但是，光要药没有医生也未必行，因为病在变，人心也在煎熬，医生得随着病情调整方案，同时安抚病人情绪。特鲁多医生的墓志铭是这样写的："有时是治愈；常常是帮助；总是去安慰。"这是对治病过程的完美描述。持续的理财服务，其价值也犹如治疗中的帮助与伴随，没有后两者，仅仅提供一个静态的理财方案，理财是很难成功的。

伴随式服务的目标是帮助客户建立信任感，建立信任感的核心是管理好客户的情绪。

本部分，仍然站在理财服务者的视角展开。

第十一课　信任感是理财服务成功的基础

要点

1. 理财，必然要面对不确定的市场，波动向下时正是格外需要坚持的时候。

2. 对市场未来会波动向上的信任，或者坚信市场即便下去也一定会回来的时候；对服务于你的理财机构的信任，或者坚信它会伴随你一起度过艰难迎来辉煌。这两种信任是支持我们坚持下去的关键。

3. 理财机构切莫"懒惰"，积极回应客户诉求，抓住甚至制造机会——也叫"触点"，与客户进行沟通。沟通，是建立信任的基础。

一、对市场的信任感

我们前面已经讲了理财成功有内外两个关键要素：内部我们需要了解自己的风险承受能力和合理规划理财的期限，外部我们需要理财机构的服务支持。那么，除了这两个关键因素，我们还需要什么呢？

信任感。

信任感是理财服务最终能够成功的基础条件。为什么呢？因为理财

169

收益率其实来自市场的一些关键时刻以及理财机构在这些关键时刻的理性投资方案。

中国第一新证券交易所成立于1990年，中国股市历经多次涨跌波动至现在，期间也经历多轮牛熊市场，但总体是牛短熊长。股市的波动充满不确定性，投资者情绪因此也难免会在乐观与悲观中频繁转换，听到一丁点的风吹草动就悲观绝望，无法理性分析市场，从而杀跌离场，错过市场大涨的关键时刻。

A股市场确实不够成熟，价格涨跌波动比较大，股票型基金的年化收益率差异也比较大。但拉长时间来看，A股市场真正投资的是国内经济的发展潜力，世界上没有比中国的经济发展增速更快的国家，中国市场绝对是最值得投资的市场之一。

上证指数从1990年12月19日至2020年6月10日，虽然中间经历了1994年下跌22.30%、2001年下跌20.62%、2008年下跌65.39%、2011年下跌21.68%、2018年下跌24.59%等多个大熊市，但长期来看，指数价格还是从100点涨到2943.75点，收益率累计上涨2843.75%、年化收益率为12.45%，A股的长期上涨趋势还是很明确的。根据Wind统计的2004年至2020年6月10日的数据，股票型基金总指数累计收益率为680.17%、年化收益率为13.72%，投资者如果能长期坚持在市场的话收益应该也是比较乐观的（如图11-1所示）。

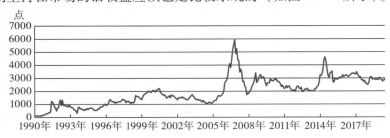

图 11-1 1990—2017 年上证指数走势

实际上，根据中国证券投资基金业协会发布的 2018 年个人投资者投资情况分析报告显示，自投资基金以来有盈利的投资者占比为41.2%，这一数据在 2017 年底与 2016 年年底分别为 36.5% 和 30.9%，比例都未过一半，这说明大部分投资者都是没有赚到钱的。分析其原因，可能就是因为投资者在一些悲观时刻没有坚持下去。

比如大牛市 2014 年，上证指数当年大涨 52%，当时市场共有 918 只股票基金，平均收益率 28.34%，97.71% 的基金都是正收益，相当于这一年闭着眼买基金都能赚钱。但现实是很多投资者并没有共享到这个好机会。因为投资者被之前的市场吓到了，股票市场整体从 2010 年到 2013 年都处于漫长熊市中，指数价格从 3277.14 下跌到 2115.98，下跌了 35.43%，期间短暂的复苏就像泡沫一样不真实，投资者的信心逐渐被市场的波动打击得消失殆尽，只剩绝望与更深的绝望。现在我们从上帝视角回顾，可以轻松说道：坚持下去就有曙光，就能迎来大涨，最为绝望的时刻就是希望来临的时刻。

所以，为了避免这些关键时刻错失收益，投资者要培育自己对市场的信心，对股市长期上涨的信念。具体到投资理财的实践中，就是保持一个平和良好的心态，做到亏损时不悲观，盈利时不贪心，用投资的心态，而非投机的心态进行投资。如果只想着赚快钱，一旦短期收益达不到预期就会心态崩掉离开市场，最终可能错失关键时刻而造成更大亏损。

当然，对市场拥有信任，并不代表着可以盲目投入超过自身风险承受能力的资产，投资者需要找到适合自己的理财产品，然后信任市场，长久地留在市场，让收益穿越牛熊市场。

二、对理财机构的信任感

投资者除了需要培养对市场的信任感，同时也要培养自己对理财机

构的信任感。我们前面提到，大多个人投资者金融知识的薄弱和投资方式的盲目，更推荐大家接受理财机构的服务，获得更专业的投资方案。

但实际情况中，大部分用户金融知识有限，并没有对方案的辨别能力，而且客户永远是非理性的。客户所谓的辨别，其实都是建立在自己想象的基础上，而想象"好"或者"坏"，本质上就是信任度。

因此，需要维系客户对理财机构的信任感，从而更好地协助客户将规划好的方案落实下去。那么，客户对理财机构的信任度是怎么建立的，又是怎么被破坏的呢？（如图 11 - 2 所示）

图 11 - 2　理财机构信任度建立与破坏过程

上图是投资者信任度建立、破坏及修复的路径。可以看到，理财的整个过程实际上是建立和提升信任度的过程。当信任度可以被情绪引导和安抚恢复时，不需要客户调整风险水平、改变投资组合来应对。当然，如果客户真正的风险承受能力在改变，需要调整组合风险水平来恢复，这是另一个需要解决的问题。

三、信任的建立与维护

我们必须得明白，是个人就很难完全理性，顶多是短期理性，但很难长期保持理性。所以，理财机构需要维系其与客户的情感，在短期理

172

性和长期理性之间"拉弹簧":既不能完全顺着客户,因为这会让理财行为偏离短期理性和长期非理性,会破坏多赚钱的终极理财目标;但也绝不能完全不顺着客户,因为这会让客户的信任度丢失,安全感被破坏,会造成根本等不到长期理性结果兑现的那一天,客户就已经离你而去了。完全地顺从客户和完全地不顺从客户(家长式地教育客户),都会让理财失败。客户不会反思自己的行为,只要理财失败,所有的问题都会是理财机构的问题。

所以,理财机构要重视维系自己和客户的情感,培养客户的信任感,协助理财方案更好地被实施,帮助投资者真正分享到市场上涨的红利。

第十二课 持续的伴随式服务是理财成功的关键

要点

1. 管理情绪，在理财服务中叫"伴随式服务"。

2. 管理好情绪是理财成功的关键。

3. 情绪管理的目标是让客户尽可能理性。

4. 理性是挣钱的关键，任何情绪的波动带来的操作，都会降低收益率。

一、理财中情绪管理的价值

理财魔方一直强调"伴随式服务"，那"伴随式服务"是解决什么问题的呢？

"伴随式服务"的核心，是管理好客户的情绪。

我们前面讲的内容其实是家庭理财的初始环节。

家庭理财的三个核心工作：财富规划、投资组合（规划落地）与情绪管理。

规划是总纲。一说规划总觉得这个问题很大，似乎大部分人并不需要。但需不需要不是看个人感受，而是看这件事情的本质。客户觉得不需要，只是因为客户不理解，并不代表这个事情不需要做。就如治病，病人可能觉得只是头疼，不需要做身体检查，开个治头疼的药就可以了。但医生不能这么干，医生需要知道病人头疼从何而来，还有没有其他毛病，所以必须得通盘考虑且做必要的检查。

如果客户需要的是有目标理财（知道自己的理财要完成的人生目标是什么），则这种规划就是根据人生目标的资金量、支出计划、目标的弹性程度（最差要完成到什么程度、最好要完成到什么程度）来测算其当前资产和未来收入如何分配，这种为每个目标设立的理财计划，就叫"心理账户"。

如果客户需要的是无目标理财（事实上不存在真正的无目标理财，之所以无目标只是因为目标没有被明确而已），那理财规划就是分析客户的财务状况和财务需求，以此来做出不直接挂钩于人生目标，但能完成客户财务需求的方案。

既然不存在真正的无目标理财，要不要在目标不明确的情况下帮助客户明确目标并据此直接将无目标理财升级为有目标理财呢？理财是高度依赖于客户认知的一件事情，在客户没有建立为目标理财的意识之前，强行去推动这件事，可能会适得其反。就像病人在完全不理解头疼也可能是脚引起的之前，强行推动病人去做脚的检查，可能还没开始治疗病人就跑掉了，那么结果其实是害了病人。但作为理财机构来说，即便不能详细做出有目标理财规划（因为涉及到客户配合的问题），也不能做出完全讨好客户的无目标理财规划。但是，即便做粗略规划或者无目标理财规划，也必须符合有目标理财规划的大致逻辑。或者说，无目标理财是有目标理财的简化版，这时候，有目标理财的粗略规划方案其实就是隐藏在无目标理财后面的"影子心理账户"。"影子"者，就是不精确的，相对模糊的，对于客户来说是不可见的。我们在第3课里粗略划分三部分钱的工作，其实就是简化版本的账户划分。它与第4、5课结合起来，就完成了财富规划的工作。

投资组合是规划的落地手段。为什么规划落地要靠"投资组合"？无论为完成人生目标（有目标理财）还是满足财务目标（无目标理财），理财需求都是多样化的。如果有一种万能的产品，能够满足这些多样化的需求，那么不组合也可以。就像如果存在着"大力丸"，一粒治百病，那么就不需要去医院了。但是，大力丸是不存在的，所以我们还是要辨证施治，要靠完整的治疗方案来治病。同样，能满足所有需求的单一金融资产是不存在的（金融的铁律：低风险低收益，高收益高风险，不存在持续的低风险高收益。当然，由于特定的历史原因，曾经有过一段无风险高收益的固收理财时代，但这个时代已经过去了，也不可能再回来。人不能拎着自己的头发离开地球，金融也一样。），唯一的可行方式，就是用不同资产或资产组合来满足不同的需求。因此，"投资组合"指的是客户的家庭财富规划方案需要一篮子资产组合来完成，这其中包括每个具体的目标，但多半也要靠"组合"来完成。在第6课中，我们讲的其实就是投资组合的实现过程——资产配置是投资组合最重要的落地手段。

那么，什么是情绪管理呢？先给大家讲两个故事。

第一个故事。主人公李阿姨退休之前是编辑，退休之后从2005年中期买了一点基金，然后开始了解基金投资的相关知识。到2006年，基金收益一直不错。李阿姨自我感觉良好，自认为是学习的投资知识帮助了自己。客观地说，李阿姨对自己的钱还是很负责任的。举凡基金类别、基金公司、基金经理、过往业绩之类的，她都研究得头头是道，是亲戚朋友眼里小有名气的"基金专家"。很多亲戚朋友都把钱交给她，让她帮着买基金。买基金时间长了，她发现别人教给她的方法不怎么管用：盯着过往业绩好的基金投吧，刚买了这基金的排名就开始下滑；盯着基金公司买吧，很多大公司基金业绩也不怎么样；盯着基金经理呢？

更不靠谱，曾经一只基金买进去到赎回的一年多时间，换了两任基金经理。李阿姨在迷茫中换了一只又一只基金，一直到 2008 年底回头看，频繁的申购赎回加上倒金字塔形的资金投入（先是自己的钱，后来亲戚朋友的钱也投入进来，投入量越来越大），基本把前两年赚的钱都赔回去了。2009 年中期，我见到她的时候，她已经成为一个愤世嫉俗的"怀疑论者"，一见面就向我"控诉"基金公司和基金经理是多么不靠谱，"基金专家"教给她的知识是多么滑稽可笑。

　　第二个故事。主人公是我的一个朋友，拥有自己的公司。2005 年，因为入股的一家公司拆迁，他分到了 2000 万的拆迁款。当时他没有别的投资用途，就找我来咨询，想买些基金。2005 年 12 月 19 日，我给了他投资建议，建议他用 70% 的资金买一组股票基金（8 只），尽量不要动。另外的 30%，我只给了他两组基金，具体怎么买随他。如果自己觉得市场有风险，就买一点货币市场基金，如果觉得有机会，就换成股票基金。2009 年春节期间，他再来找我。检视他的投资记录，70% 的那一组基金一直没有变过，持续持有，收益颇丰。最高收益率曾经到过 500%，到 2008 年底仍有将近 220% 的收益率。但 30% 的那一组基金呢？每次买卖都在错误的时间点上，不光没有赚到钱，甚至还赔了一些。不过两项一抵，收益还是有将近两倍。他找我有两个事儿：一是觉得有点撑不住了，想全都卖掉；二是对自己那 30% 的操作极为后悔，疑惑我当初为什么不让他都照那 70% 操作。我问他："如果 100% 的资金都买了那一组而且不让你动的话，2006 年 3～7 月之间市场调整的时候，你能保证自己不全都卖出吗？"他回顾之后，先默然，继之释然。想要全部赎回的事儿也就作罢不再问。他因为有自己的公司要打理，从头到尾对基金和市场的了解都不深刻，即便到 2009 年年初，他仍然可以算得上是一个"基金菜鸟"。

讲这两个故事要说明什么问题？

第一个故事里，李阿姨有资格质疑和控诉这个行业吗？她有。作为一个尽职尽责的投资者，她做了所有她能做的事儿，但结局却如此糟糕。

第二个故事里，我朋友赚到的是买到好基金的钱吗？其实回头看，我选择给他的基金组合，只能说多半"还不坏"，但远称不上"好"。他大部分的基金收获不过是一个平均收益，甚至是比平均还要略低一点。他挣到的，是一个和他性格比较吻合的策略的钱：做生意的，对短期涨跌有耐受度；老板，喜欢一切尽在掌握中，喜欢自己挣来的钱。70%的部分为他赚钱，而30%部分的安排，只是为了让他不要阻挠70%那部分赚钱。投资者行为，很多时候是在帮倒忙，虽然他们自己并没有意识到——市场到底的时候，他会想，至少有30%的部分逃过一劫。这样，除非有2008年那种极端情况出现，一般的下跌都不会击穿他的心理底线，不至于让他动70%那部分资金的心思。小损失换来大收益，这就是这个配置策略的核心。

显然，从理性的角度来看，这不是一个好配置，因为没有赚到最多的钱。但是，从结果来看，这是最好的配置——虽然没有赚到最多的钱，但毕竟赚到了，而不是为了追求最好反而成了"负翁"。

这其实就是理财中的情绪管理。

人类的天性是趋利避害，事实上，大部分人也是短视的，这种趋利避害和短视在短期内是"理性"的，但短期理性导致了长期非理性。在理财上，这种非理性更多地表现为：不希望担风险，但希望能拿到高收益；不光要拿到高收益，还希望尽早尽快地拿到高收益。

如果把理性的（长期的）需求当作一个坐标轴，那么感性的（短期的）需求就是另一个坐标轴。规划者或者是投资的内在逻辑要求，是站立在第一个轴上的；而投资者，是站立在另一个轴上的。

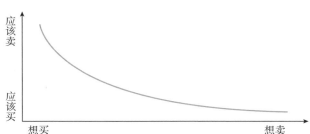

图 12-1 投资心理与市场需求的曲线

这是描述投资心理与市场需求的曲线（如图 12-1 所示）：当投资者想买的时候，其实是应该卖的时候；当投资者想卖的时候，其实是应该买的时候。

情绪管理，就是把这个投资者从想做向应该做拉动（如图 12-2 所示）。但是，这个过程是反人性的。

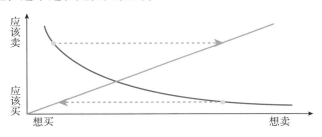

图 12-2 情绪管理的反人性过程

财富规划和投资组合只提供了理性解决的方案。而帮助客户将解决方案落地、执行下去，也就是帮助天生不理性的客户理性起来的这个过程，就是情绪管理。

为什么叫情绪管理？传统理财里管这个叫客户教育，但教育解决不了人类的短期理性导致的长期非理性这一问题。就像你不可能通过教育病人说手术会疼但能治好病，就让病人从此不再怕手术的疼痛一样。怕疼痛是正常反应。如果你的目标是只治疗那些不怕手术疼痛的病人，那你可能永远做不了医生。你要帮助病人，即便怕疼，但也能扛过疼痛，接受并完成治疗，从而治好病。

理财中与客户交流沟通，本质上与此相同：你要帮助客户，以他能理解和接受的方式扛过风险和时间，实现理财目标。这个过程，更多的不是说教，而是引导，是安抚，更直白地说，很多时候其实要"哄着"客户向正确的方向去。就像纯粹用棍棒不可能让孩子喜欢学业，只有用"书中自有颜如玉，书中自有黄金屋"的未来期望，和劳逸结合的方式才能让孩子完成学业。万事都是一样的道理。

情绪管理对于理财行为最终成功的贡献度，大约要超过70%。

二、情绪的外在表现与影响

那么，情绪究竟是什么呢？

情绪是一个人内在性格在某种环境下被激发出来的外在表现。

一个人的理财性格，通俗的叫法是"财商"。一个人的财商中有贪婪程度和恐惧程度，但这些要素，只有在某种特定的环境下才会被激发出来。当它们被激发时，就表现为贪婪和恐惧本身。贪婪和恐惧本身，就是情绪，所以情绪才是最终推动投资者行为的直接动力。

俗话说，性格决定命运，其实不是性格直接决定了命运，而是性格通过情绪导致行为，行为导致了事情的结果。当然，我们的命运是无数结果的合集（如图12-3所示）。

图12-3 情绪产生并传导到行为的过程

所以，**情绪本身表现为一个个的行为"场景"。一个完整的场景应该包括三个要素：什么样的人、处在什么环境下、做什么事。**

行为金融学里已经研究过很多此类"场景"，又叫心理现象或效应。我们在工作中也对一些现象进行过总结，比如：

后视镜效应，只看过去，不看未来。或者认为过去代表未来；

光晕效应，又叫做窄孔效应。只从最关注的一个视角观察，比如只看业绩，而不看业绩之后的风险，或只看风险，不看风险带来的好处；

跟风心理或羊群效应，愿意跟上大部分人，不愿意落单；

窃喜心理，希望捡漏，希望走偏门；

近视效应，只关注短期的表现，越近的表现影响越大；

刻舟求剑效应，对历史的表象会重复很有信心，但不会探究重复的实质是什么；

求神心理，人类天生不喜欢不确定的环境，不确定环境里需要有预知一切的"神"来指路，如果没有神，就把任何短期被证实的人或事当"神"，比如隔壁的"股神"、交易所门口的牛。

在理财中，所有情绪最终总会导致两种行为：买或者卖。也只有这两种行为最终会影响到投资者的收益。所以，理财中的"场景"，可以总结为：**一个什么样的人在什么环境下会"买"或"卖"。**

三、如何引导投资者回归理性？

我们前面讲了，情绪管理的核心，是把投资者从想做向应该做拉动。情绪导致了行为，导致了一个什么样的人在什么环境下会"买"或"卖"，所以情绪管理的核心目标，就是如何干预甚至阻止客户的买卖行为。

那么，该如何干预呢？

首先是要有足够多的"场景"。你得知道投资者在什么情况下会干什么，那么当环境或触发要素出现时，你就能预估他会做什么。具体的干预手段，可以分为两大类：

第一类是运营手段

发短信、打电话、定向的优惠券、会员等级调整等个体运营手段，电话会、视频会、直播等群体运营手段，都可以帮助投资者管理情绪。

所有运营手段都有成本，成本可以是钱，可以是时间，也可以是见效速度。理论上，摸索运营手段，需要从低成本逐级提升，找到费效比最高的手段才是关键。包赔损失当然是最有效的手段，但是成本太高了，并不适合。

第二类是调整风险水平

当所有运营手段失效时，就说明原来对客户的风险等级评定失效了，需要修正。

每个客户，其风险承受能力其实都随着环境变化而变化，所以，应该有一个风险承受能力跃迁曲线。

当风险承受能力发生跃迁时，投资组合的优化目标就应该变了，当然，投资组合也应该相应变动。

需要说明的是，风险等级在压力之下的改变，其实从长远来看是损失收益的，那为什么要做呢？还是前面那个例子，少的损失换来收益的兑现，这还是划算的。

四、市场变动过程中理财魔方的伴随式服务内容

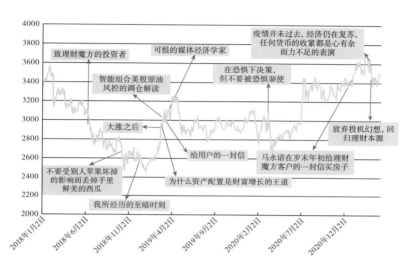

图 12 - 4　理财魔方的伴随式服务内容

五、附文

附文 1：如何度过黎明前的黑暗？

刚调仓完就遇到市场大跌，确实感觉不太好。不过，对一个投资人来说，这种情况比较常见。正如我在结束风控的那一期《每周市场观察》里所说，结束风控并不代表万事无忧，它只是表明这个市场初步具有了投资价值，但一定不要低估黎明前黑暗的可怕程度。

黎明前要进入，但黎明前的黑暗却是最艰难的，其艰难就在于更惨烈，以将大多数人被驱逐出局作为结果。

那么，如何应对目前的这种环境呢？和大家分享几句话。

第一句话：坚定持有。

黎明前的黑暗是以把大部分人驱逐出市场作为目的，所以只有留在

市场里头的那少部分人才能最终获取比较好的收益。所以，要坚定地持有，绝对不能离开市场。

第二句话：适时加仓。

所谓适时加仓就是大跌大买，小跌小买。这样有利于逐步拉低成本。

第三句话：绝不抄底。

所谓抄底，就是抱着赌方向的思维，用一大笔钱买入某一个品类。

大跌之后，市场上鼓吹投资大机会来临的说法越来越多，所以千万要谨慎。有些投资者受此影响，也确实抱着一种想博一笔大的心态，一股脑儿把全部资金投入 A 股，甚至投入某一只股票，这种做法风险特别大。我们一定要理解黎明前的黑暗是可怕的黑暗，程度大到我们看不清状况。所以，赌方向砸某一个品类的这种操作方式，是最要不得的。

借用诗人艾青的一首诗，表达我的感受：让我们安静地等待黎明的来临！

……

请你告诉他们

说他们所等待的已经要来

说我已踏着露水而来

已借着最后一颗星的照引而来

我从东方来

从汹涌着波涛的海上来

我将带光明给世界

又将带温暖给人类

……

附文2：不要受别人苹果坏掉的影响而丢掉手里鲜美的西瓜

昨晚美股大跌，标普500跌了3.29%，A股和港股今天也出现大跌，很多投资者很恐慌，这种恐慌可以理解，但我也一直说，熊市末期的市场一定比你想象的更艰难，所以越是艰难的时候就越要忍住。我想一部分投资者大概被极端市场冲击，觉得前途无望，先跑掉再说。

理财魔方的组合由于资产分散于各市场各品种，即便出现极端情况，我们有风控，最坏也坏不到哪里去。想象一下，如果您无从了解外部环境如何，只能观察到魔方组合的涨跌情况，您还会有太大压力吗？所以我们的恐慌，更多地来自于外界环境，而不是我们的组合本身。

还有一部分客户，大概是看到手里各类资产中只有魔方还有收益，或者亏损最小，所以选择赎回魔方，"落袋为安"，留着大比例亏损的等着回正。这在心理学上叫"处置效应"行为，无异于留着烂西瓜却卖掉好西瓜。

两种行为偏差，结局都一样，都会让我们付出无谓的成本，却享受不到该得的收益，我们按着这两种习惯思维做了很久，却一直在亏损。那为什么不让自己做一些改变？

今天系统已经触发美股风控，组合中调出了所有的美股基金，并增加了原油和货币，各组合的风险都降低了，有了更强的抗通胀和避险能力。同时我们增加A股因子，加大了对A股的监测力度。这就是更专业理性的应对方式，请大家相信专业的力量，跟随系统调仓，不要被情绪牵着走。

"破而后立"，残酷意味黎明的临近。所以，抱紧你手里的西瓜，不要被市场忽悠跑了。

附文3：我所经历的至暗时刻

去年有一部电影叫《至暗时刻》，讲的是丘吉尔如何在二战带来的压力和混乱中决策对德策略。为什么叫至暗时刻？因为对决策者而言，在局势未明、各种负面因素交织的情况下要作出正确决策，这是最艰难的时候，而作出决策之后的执行，无论多难，总是有路可走的。

中国的证券市场走过了 28 年，在今天这样一个时刻，各种崩溃、无望甚至绝望的情绪充斥其间，似乎也到了一个至暗时刻。市场是不是真到了前途无望的时候？

我从 2003 年正式进入证券市场，之前虽然也在炒股，但属于非职业，自此开始将研究和投资作为职业。从那个时候开始，经历过 4 次比较大的艰难时刻，分别是 2004 年、2008 年、2012 年和 2015 年。很巧，每一次的间隔大概是 3～4 年。回头看，每次都似乎有足够的理由与以前不一样，但从结果看，历史其实每次都以不一样的面目在重复同样的故事。

负面和绝望的观点无非几方面，一个是来源于市场本身的：市场结构不行、资金不行、监管不行，最主要的是，经济基本面不行了；另一个是来源于外部的：比如今天的贸易战。

2004 年是一个动荡之年。A 股自 2001 年中期以来的下跌已经持续了两年半，2004 年 2 月，国务院发布《关于推进资本市场改革开放和稳定发展的若干意见》，就是所谓的"国九条"。"国九条"明确地给出了政策底线，但市场并不买账。2004 年 9 月 9 日，沪指跌破 1300 点，创下新低。之后，A 股开始了股权分置改革。

今天的人们会把 2004 年开始的股权分置改革当作那一轮牛市的催化剂，但在当时，这绝对是对市场的一种致命打击。你想想看，本来就是一个弱势市场，突然间要增加两倍多的投放，今天我们对每周增加几个 IPO 都非常敏感，如果突然有一天说未来一两年会在现有股票规模上增加两倍多，你会怎么想？市场信心跌入冰点。2005 年 6 月，沪指跌破 1000 点，探低至 998 点。那时，所有人对市场都不再抱有期望。

与此同时，外部贸易摩擦加大。2004 年是美国的大选年，每到这时，中国就会成为被敲打的对象。8 月份，美国商务部助理部长拉希拿着他在中国购买的盗版光盘、仿冒手表、高尔夫球杆实物以及仿冒机械和药品的照片直接在北京打脸中国，指责中国的知识产权保护问题；同年，美国限制中国纺织品和家具出口；7 月份，美国逼迫中国放弃对国产集成电路的补贴政策。回头看，美国每一轮贸易战的内容其实都大同小异，只不过中国的反应在逐渐强烈：1989 年之后，中国被制裁封锁，连声音都发不出去；1999 年，对于我们的外交行为，美国并不买账，还轰炸了中国大使馆。相信经历过那段历史的人，都有对外部环境的无助与悲凉的感觉。相比较而言，目前我们虽然处于贸易战重压之下，但那种后背发凉，除了扔砖头砸大使馆之外什么手段都没有的无助感，是再也不会有了。

我此前是在做投资银行业务，就是帮助企业做 IPO 之类的。由于股权分置改革开始，投行业务量激增，所以虽然二级市场惨淡，但投行的日子却是越过越红火。当时在做一个邯郸的项目，那时候没有高铁，需要开 7 个小时车过去，为了赶时间，都是下午出发，傍晚到达，晚上干活，天麻麻亮就再赶回来。当时的京石高速正在大修，经常只开半边，没有隔离带，一条道来，一条道往，大车特别多，经常看着一辆辆超载的大货车飞驰而过，恍惚间总觉得自己像奔向风车的唐吉珂德。但我坚信二级市场的春天将要来临。因此，2005 年年中我正式转去做二级市场研究领域。我记得很清楚，6 月 10 日 A 股创新低 998 点，而我是 6 月 30 日入职银河证券研究所。

此后市场开始缓慢回升，但回升并不是一蹴而就的。截至 2005 年底，A 股大约从低点回升了 20% 左右。当年年底，在一次基金经理年会上，大家都觉得行情也就这样了，这个涨幅已经远远超过了预期。一个很有名的基金经理说："我的任务完成了，后面的市场不会再有机会，我的工作就是泡妞打球。"这个"泡妞打球"论，是当时所有人的一致预期。所以散户资金那时候还是净流出，公募基金规模还在进一步缩水。

但是，在2006年前半年震荡盘整之后，市场一路向上。后面的故事大家都知道了，70%的资金市场是涨到4800点以上时才疯狂进入。

2008年的下跌，于我是没什么感受的。2007年10月份开始，我交接了自己的二级市场研究工作，封闭在香山脚下的一个度假村里开始开发我们自己的新一代基金分析系统。之后承接了建设银行的一个支撑全行基金销售业务的系统开发，全年都在成都和北京两个封闭开发点往返。

到2008年年底，随着全球金融危机所导致的外部环境的崩溃（所有人都认为金融危机摧毁了美国经济，外部是不用再指望了），国内经济也连带下滑，在11月国家推出4万亿元的经济刺激计划之前，整个市场基本已经绝望了。经历过2008年的人，不会对当下的这种绝望有任何感觉，所以在今天那些拼命买入的人里，大多是经历过那个时刻的人。

2009年，市场在4万亿经济刺激计划下还阳，但之后开始进入漫漫的下跌期。我从银河证券离职，去民生证券筹建研究所。

到2012年6月份，市场已经持续下跌三年，国内GDP增速从2010年创新高后也开始持续下滑，并且看不到回升迹象。为了消化4万亿经济刺激计划带来的负面影响，货币政策收紧，到2013年，因为货币政策太紧爆发了银行间的兑付危机，甚至一度引起了金融危机。

今天的经济增速下滑、企业大量破产、外部环境恶化，这些问题的发端都不是从今天开始，而是发端于 2009 年之后的政策调整、货币政策调整，也是这些年持续调整的最后集中爆发期。

我在那个时候离开了运作良好的研究所（民生证券研究所在我们进去前业务是个"345"：三个研究员，四个客户，50 万的业务量。我们离开那年，研究所实力排名国内前 10 位，研究和销售人员 82 人，业务额 1.08 亿元），和我的合伙人——经济学家滕泰，共同创立了国内第一家 MoM 私募基金——万博兄弟。

万博兄弟创立于市场最黑暗的时候。2012 年底发行第一只产品的时候，几乎都没有人再关心市场。往往预约了 40 个人的交流见面会，实际到场的只有三四个人。我一直在关注也一直在投资的苏南地区，当地企业家见面交流的内容，要么是怎么安全地关闭公司，要么是怎么安全地转移资产，要么是怎么移民到国外去。苏南地区大片大片的开发区，厂房空置，企业倒闭。在 4 万亿经济刺激计划推动下拿到廉价资金的人们，疯狂地投入到炒煤炭大潮中，仅福建莆田一个市，据说被湮没在山西小煤矿上的钱就超过 700 亿元。而当时全市国民生产总值也不过千亿元左右。我在莆田开产品销售的见面会，很多投资者来听的目的，都是问我怎么能弄到钱而不是怎么投资钱。

之后的市场仍然经历了一年的动荡和波折。截至 2013 年底，万博的第一只产品仍然亏损 5% 左右（与今年全年理财魔方所有组合的平均亏损差不多）。当年这个产品两次开放，初始客户大量赎回，到年底时规模缩至一半左右。但是此后的 2014 年开始上涨，让剩下的那一半投资者赚到了足够多的钱。

很多时候，我们都过于看重眼前的苦难，把眼前的困难当作独一无二的，是绝对和上一次不一样的困难。但是回头看，每个时刻"皮儿"不一样，但"骨头"其实都一样。这个骨头就是：最难的时刻，往往也是最难得的机会，但前提是，你一定得跨过去，而不是逃避。逃避了，固然一时舒服，但你也只能永远待在你所处的那个阶层，永远实现不了跨越。悲观者看到的是过去，乐观者才有未来。

中国的社会阶层固化越来越严重。作为一个普通人，你如何才能跨过去，给你的未来和你后代的未来创造一个好的起点？除了抓住这有限的机会，别无他途。这种机会，在我们能把握、有资源把握的生命阶段里，不会超过5次。（我们可以把握的投资时间不过20年，3~5年一轮的中等机会，5次；8~10年一轮的大机会，2次）。

心理压力是一定存在的，这是人性，那么如何度过这样一个至暗时刻？

第一，梳理自己的资金。把那些1年内需要用到的、绝对不容有失（何谓不容有失？孩子教育资金、为固定目的准备的资金）的资金，都放到低风险产品上，比如魔方的稳健组合。把那些可以投资3~5年或以上的资金，尽数投入到浮动收益市场上去。

第二，严格按照风险承受能力行事，把自己的风险等级调回到测试等级上去，把多余的资金投入到低风险产品上。

第三，绝对不要因为恐惧而把钱都放到存款之类的资产上去，这样做，你不仅在丢掉自己的机会，也是对自己和下一代的不负责任。

第四，少听股评家和经济学家的话，那些人除了语不惊人死不休之外，不会给你带来任何正面的收益。他们要做的就是危言耸听，因为你的眼球就是他们的利益，但你的利益与他们无关。

第五，放松心情，努力挣钱和享受生活。过几年回头看，历史并没有任何不同。

附文4：大涨之后——写于2月25日A股大涨之后

昨日股市大涨，市场一片欢声笑语。有投资者问我：市场涨成这样，魔方却只有三成仓位，"踏空了"，心理压力大不大？

坦白地说，我没什么压力。2018 年初坚定离场之后，我们从下半年开始逐步看好市场，几次试探后于 12 月份从 9% 的仓位加到 30% 仓位，我是这个市场最悲观时刻的乐观者和行动派。那为什么乐观，却不加到更高仓位？

这源于理财魔方的定位。**理财魔方永远追求确定性，追求低波动率。**

你可能会问，低波动率与我何干？挣钱的时候挣到最多的钱才是道理。

低波动率不光与你有关，而且有很大的关系，它正好就决定着你能挣到多少钱的问题。

我想 A 股的投资者，没几个敢把所有的钱都放上去。上一轮牛市的统计，涨到顶点的时候，家庭持有的股票市值也不过是资产的 7%。我们算得多一点，算你投进去 20%，再算你运气很好，投入的时机是本轮上涨之前，你找到的股票涨幅排到前 1/3（前 1/3 的那个股票，如 000559 万向钱潮，今年的涨幅是 21.29%）。那么以你的家庭资产总额来算，收益率是多少呢？20% 乘以 21.29%，4.2%。也就是说连开两个外挂后，你的收益率是 4.2%。

收益率还能不能更高？能，把更多的钱投进去，不是 20%，而是 30%、40%。问题是，以 A 股暴涨暴跌的德性，你敢不敢投进去？如果投进去，你能不能扛得住下跌而不被震出来呢？以你在去年持有同一只股票为例，SZ000559 去年的跌幅是 45.3%。仍然以 20% 投资比例来算，会亏掉你家庭资产的 9%。

一般而言，一项投资亏掉家庭总资产的 10% 是很多人的承受底线了。对于一个理性的人，20% 大约也是家庭可以在股市上去赌博的最大

限度了。

当然，你也可以说你能选到比 1/3 分位更好的股票。不过，你确定你比这市场上 2/3 的人聪明？不要忘了，后面还开了一个更难的挂，就是在绝对底部进入。

4.2% 的收益率，与同期理财魔方风险等级 7 相近（等级 7 今年以来收益率 4.95%，略高于 4.2%）。等级 7 去年全年亏损多少呢？ 3.43%。风险等级 10 去年的亏损是 8.75%，接近于 9%，而风险等级 10 **今年以来的收益率已经接近 7%。这两个收益率，不需要开任何挂，买进去，等着就可以了。**

所以，你是愿意冒着亏损 9% 的风险，去争取那需要开挂才能拿到的 4.2%，还是愿意冒着亏损 3.43% 的风险，去争取 4.95%？我想这个选择并不难做。

这也是理财魔方坚持风险控制优先的原因。只有控制住风险，你才能把大部分的钱放进来。投进去的钱挣多少很重要，但更重要的是你敢投多少钱进去。买彩票的收益率是几百倍上千倍上万倍，但你敢拿你全部的钱去买彩票吗？我们往往只盯着投进去那点钱的盈亏，却忘了理财的最终目的是家庭整体资产的增值。

目前魔方的 A 股比例大约在 27% 左右，从历史上来看，已经在中等略偏高一些的水平（如附图 1）。**未来的市场无非向上或向下：向上，我们就逐步加仓；向下，我们就控制风险，等待下一次机会的来临。**

当然，30% 确实不是魔方在 A 股上的历史高位。但现在这样一个时刻，我并不认为已经"刀枪入库、马放南山"，**牛市是不是真的来了，还需要密切观察。不顾一切地跑步入市，极有可能重蹈"倒三角形资金投入（前期资金少，后期资金大。前期 1000 点上涨赚来的钱，还不够后期 200 下跌的亏损）"的覆辙。**

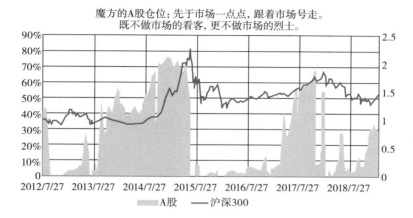

附图 1 魔方的 A 股仓位

以此与我们的投资者共勉。

附文 5：如何面对市场的短期恐慌

各位理财魔方用户朋友们：

大家好！

最近全球所有的市场都围绕着美国股市而动荡不安，所有的资产都陷入了一种短暂的失控状态，理财魔方的各个组合都遭受了比较大的回撤，收益受到影响。有些用户持有的组合，最大回撤已经超过了历史最大回撤线，给大家造成了比较大的困扰，我确实很不安（如附表 1 所示）。

附表 1　理财魔方 2020 年各风险等级收益、回测数据
（截至 3 月 18 日）

今年以来	等级 1	等级 2	等级 3	等级 4	等级 5	等级 6	等级 7	等级 8	等级 9	等级 10
收益率	1.79%	−1.57%	−3.02%	−4.30%	−5.19%	−5.58%	−6.72%	−6.99%	−7.92%	−7.70%
最大回撤	−0.38%	−3.74%	−5.66%	−7.34%	−8.35%	−9.86%	−10.56%	−11.05%	−11.19%	−11.93%

理财魔方执行的是主动全天候的策略。全天候策略就是最近被媒体热议的桥水基金的策略，当然这个策略本身是非常坚固的，截止到 3 月

18日，桥水的全天候策略基金，今年以来的回撤也只在9%~14%之间，仍比股票市场的跌幅要小。但我们也认为，纯粹被动的全天候策略，在面对动荡市场的时候，反应慢，对机会和风险的控制都有不足，所以理财魔方很早就对这个策略做了大幅度的适应中国市场的改造，改造成为"主动"全天候，所谓主动，就是会主动捕捉市场机会和主动防范风险，而不是纯粹的被动操作。

本次市场动荡以来，魔方对智能组合中的主要资产做了如下操作（如附表2所示）：

附表2　2020年3月理财魔方智能组合调仓中资产变动情况
（截至3月18日）

调仓时间	A股比例变动	调整后至今涨跌幅	美股比例变动	调整后至今涨跌幅	石油比例及变动	调整后至今涨跌幅	净值
2020.03.02	/	/	15%→9%	-18.20%	/	/	2.2304
2020.03.13	52.00%→42.00%	-5.50%	9.00%→4.00%	-11.70%	4.80%→1.10%	-11.20%	2.0332

这些操作从目前来看，方向都还是比较准确的，确实主动降低了风险。但毕竟短期回撤较大，投资者的个人感受不太好，这个可以理解。投资者的疑虑主要集中在以下几个问题：

第一，为什么这次大幅跑输比较基准？

理财魔方执行的是全市场、多资产的配置模式。比较基准是纯A股，当其他市场的跌幅大于A股时，组合就会跑输基准。那为什么我们要采取全球配置呢？简单地看一个数据就知道，理财魔方从2017年10月至今，即便经过此次大跌，组合收益率仍然有6.85%（10个风险等级平均），但同期A股上证指数涨跌幅是-19.13%，Wind全A指数涨跌幅是-13.69%，我们要获取比较稳定的收益，就必须全球、全领域投资。

第二，为什么不能更早地降仓？降仓时为什么不能一次性降完？

理财魔方执行的是偏右侧的配置模式，这意味着我们并不会过早去判断市场。只有当市场信号明确的时候才会做操作。下跌并不必然是信号，因为大多数下跌都是正常波动，后面还会涨回去，只有当下跌形成趋势的时候，才需要执行降仓操作。比如本次美股，是下跌 4 天后才出现风控信号。

那为什么实际执行的时间是下跌第六天呢？因为美股基金的操作有滞后性，是 T + 2 的，而我们的分析系统预判信号发出之后 2~3 个交易日大概率会有反弹，如果信号一出就马上操作，就会正好交易在反弹开始前。所以，理财魔方的风控系统根据不同资产的不同环境，会有不同的信号发出——开始执行——执行完毕的时间估算。本次美股的两次风控都基本在反弹中减仓完毕。

至于为什么不一次性降仓完毕呢？大家一定要理解这一点，市场是不可知的，当然事后看结果是确定的，但在决策的那个点上，你所有对未来的判断都只是一个概率。当预测下跌概率大的时候，就会减仓，但既然不是 100% 确定的事情，减仓也就要按照一定比例执行。所有把概率当事实进行投资的，都是赌博。就像这次石油大跌 30% 之后很多人觉得一定会涨起来，去抄底，结果大家都能看到，赌上涨的结果是接着下跌 30%。

为什么坚持偏右侧的交易策略？主要是这种策略顺应市场的变动，下跌的过程中可以降低回撤，能帮助我们的投资者相对舒适地度过这样的艰难时刻。偏左侧的交易策略虽然是越跌越买，市场的价值越大越应该买。但是，往往这种策略在短期内会造成特别大的亏损，就像这一次巴菲特在下跌的过程中抄底，也导致了非常大的回撤一样。虽然最终投资的收益率可能会更高，但是我们往往熬不到收益率来临的那一天。不过我们在最近的运营过程中发现确实有一些有经验的投资者，是希望在下跌，市场价值越来越高的这个过程中逐步买入的，我们将给这样的客户提供一个更偏左侧的价值投资策略，在下跌的过程中逐步买入，希望有意愿和有能力的投资者到时候来购买。

第三，历史最大回撤线，会不会被击穿？

历史最大回撤线是个历史数据，也依然是个概率。但如果极小概率的极端事件发生，最大回撤线是可能会被击穿的。人因为情绪性恐慌，会在市场接近底部的时候选择清仓走人，躲避心理的煎熬。但机器是冷冰冰的，它只计算概率，如果接近最大回撤了，但资产上涨概率增加了，它就会选择等待而不是为了避免被击穿而选择清仓，保最大回撤不是目的。毕竟，在最大回撤附近，未来的收益空间其实是最大的，即便略微超过最大回撤，这个代价也值得付出的。

第四，很多投资者的收益清零了，但收益率还是正的，这是怎么回事？

这其实就是我一直在说的，理财魔方并不适合择时投资。你之所以收益清零，是因为早期投入少，后期投入多，后期的投入还没挣到足够的钱就被回撤吃掉了。有些投资者很后悔，说魔方一直说不需要择时，如果自己做了择时，提前退出了，目前收益还能保留。事实上，你只看到了问题的一面，只看到了没有退出，但你没有看到如果早期不择时的话，目前虽然收益大幅降低，但仍然是正收益。至于择时退出，之前没有能力择时一笔进入，你又如何能保证自己择时一笔退出呢？正如我对第二个问题的回答一样，理财魔方不需要你做择时，是因为我们内部在择时，但显然，择时这件事情不是那么简单，即便我们这样的专业机构也很难做到100%的准确度。

过去两周的全球资产市场，经历了过去30多年都未曾见过的剧烈震荡、暴跌和恐慌，这种混乱在 2008 年金融危机的时候也未见过。我们每个人都在这个剧烈动荡的大海上，你或许会质疑你所乘坐的这艘"理财魔方"号方舟的安全和坚固程度，但正如我以前一直说的，最犹豫和恐慌的时候，也是未来收益最高的时候。这种时候，是考验你能否信任和坚持一种方式的时候，"找到正确的方式，坚持走下去"，这才有未来。但坚持不是一件容易的事情，平常时刻说坚持都不难，艰难时刻能否坚持才是关键！

理财魔方的团队一直在紧密关注市场，我们的系统也一直在 7 × 24 小时地监控市场，我们的系统虽然没有经历过这种狂风巨浪，但设计之初的周全考虑，使得我们并不惧怕，也能应对这种狂风巨浪。我自己一直以自己入行不久就经历过 2008 年金融危机、观察和吸收这个过程的经验作为自己最大的资本。我想，我们一起经历的这次 30 年不遇的动荡，也一定会成为理财魔方和我们客户共同的财富。

附文 6：智能组合美股原油风控的调仓解读

本次调仓是理财魔方最近的第 2 次调仓，上一次我们已经做过一次美股的风控调仓，将美股的比例降低了 1/3，从 15% 降到了 10%。这一次呢？第二阶段的风控启动，我们的仓位进一步下降，降到了 5% 左右，这一次还同时降低了石油的配置比例，将比例从 4% 降到了 1% 点多。这是本次的两个主要调整内容。因为所有的资产都是联动的，虽然我们一直认为 A 股是未来最有价值的投资资产，但是所有的资产下跌时都会有联动效应，所以为防范风险、确保安全，A 股的比例也适当地做了一点调整，不过调整之后 A 股的比例仍然很高，总的比例仍然达 44% 左右。调出来的资产主要去向有两个，原本配置中的黄金比例略微偏低一些的，会加一点黄金，此外都会主要配置到债券和货币基金上去。

理财魔方的风控逻辑是什么？

理财魔方的风控逻辑本质上看的并不是市场涨跌，而是市场是否进入了混乱状态。所谓混乱状态，就是市场对信号的反应失灵了，利好出来的时候市场不会涨，利空出来的时候市场不会跌。我们的风控体系原本就不是预测涨跌的体系，它只是一个"止损阀"，防止大家在混乱的市场里头被误伤到。

所以，有的投资者会疑惑，为什么我们的风控体系不一次到位？因为市场的混乱程度是逐步加剧的，我们并不知道未来市场会涨还是会跌，只要混乱程度加剧，我们就会逐步把仓位减下去。另外，理财魔方用公募基金做配置，尤其是用海外的公募基金做配置的时候，交易是有延迟的，不是说一按按钮资金马上就回来，这中间有一个时间差，所以我们的风控体系不是一看到下跌马上就减仓，而是会等到信号明确之后来预测一个最佳的减仓时机。我们的第一次美股风控信号是在前一周发出的，但是到第二周的时候才实际启动仓位的下降，就是因为快速下跌的时候，如果信号一出马上就调仓，很可能就减仓在阶段性的底部吃不到反弹，我们在信号出现以后等了几天才开始减仓，正好第一阶段减仓就减在中间反弹的顶点上。

为何黄金最近的"压舱石"效果不明显？

黄金是所有资产的对立面，当所有的资产都不安全的时候，黄金相对是安全的，但是短期内当机构手里头的股票资产受到比较大的冲击的时候，它会把黄金这样流动性好的资产先退出来一部分，拿资金去保自己的基本盘，但是当它发现这个股票盘保不住的时候，这种资金最终还是会平仓出来，会加到黄金里去，作为一种安全的配置。当然，如果市场波动平息了，这些资金仍然会撤出来进入黄金，所以黄金仍是一个非常好的避险品种，只不过在开始的时候它会连带的有一点点下跌，但这不代表它"压舱石"的作用消失了。

为何看好 A 股，这次却小幅度降低了？

虽然我们看好 A 股，但是所有的资产都有联动效应，比如说美股跌了，短期内 A 股也会受到冲击。我们现在是全球通的时代，全球市场"一盘棋"。这种情况下，A 股也会连带着受到短期的冲击和调整，所以，比例会有小幅度的降低，不过目前 A 股的比例仍然很高，因为我们非常看好 A 股。

调仓总结：

总体来说，本次调仓仍然是风控为主，整体资产比例变动并不大，虽然外部经受了几十年罕见的金融冲击风波与海啸，但总体上我们的体系运行健康，风险控制系统正常运转，结构非常坚固，离每个组合的预期的最大回撤线也仍然有很远距离。

所以说，即便经历了这样巨大的罕见的冲击，我们的整个体系仍然这么坚固，大家应该更放心才是。

最近是否适合加仓？

对于目前还在犹豫是不是要再加一部分资金进去的客户，我个人是这么认为的，如果你觉得自己的心理承受能力是比较好的，这时候应该毫不犹豫地加仓，因为历史无数次地证明，这种金融海啸的时候进去的人才会挣到最多的钱。大家都知道 2008 年美国金融危机里头有少数几个真正占到便宜的人：一个就是电影《大空头》里边那个对冲基金经理，原型叫保尔森，他是在别人都疯狂买的时候，就开始做空次债，从而在市场疯狂大跌的过程中逆势大赚 200 亿美元；另一个就是巴菲特，逆市注资通用电器和高盛，33 天赚到 80 亿美元。当然，在这种情况下敢于逆势进入，并且能坚定地持有的一定是非常之人。对于我们普通人来说，要如何把握这种难得的机会？绝对不要去抄底，不要去抄个股或者基金的底，因为既然是海啸，它波及的幅度、程度和时间都不可预期，如果简单地去抄底某一个基金或者股票，这样你就相当于躲过了地震却不得不直面海啸了。你需要选择更靠谱的方式进入，比如我们目前虽然减了仓位，但是我们仍然维持着在 A 股上的高比例，同时有很多资产的互补对冲的方式，确保海啸来临时对你不会造成很大的冲击，可以确保你活过这轮海啸。如此，未来的那个诱人的"蛋糕"才会属于你。

附文 7：在恐惧下决策，但不要被恐惧驱使

昨天，美股及全球市场持续大跌，魔方系统触发第二阶段风控，在做投资决策的时候，我经历了一个比较艰难的过程，现在发出来与大家分享，也是帮助大家理解在理财职业训练中的理性思辨应该如何做。

第一，是检查我们整个体系的决策流程。

我们的投资体系有两套信息来源。第一套是基于交易数据所形成的市场信号，或者叫趋势交易系统。这里头包括过去各资产的趋势、资产之间的相关性，以及独立的风控体系。需要特别说明的是，风控体系也是基于交易信号所做出的，因为我们得拾取各类资产过去趋势的系统，为了降低交易频率和提高稳定度，所以它更多的反映的是半年左右各资产的趋势，没办法对短期的市场剧烈变动做出快速的响应，所以风控体系是为了弥补这个不足，它所拾取的信号会更短，反应会更快一些，但本质上，趋势交易系统和风控是一个信息来源。

第二套，是一个独立的观点。这个观点的获取更多是基于基本面，也可以认为观点更多分析的是每一类资产的价值本身所在，所以在做观点的时候，价格只是一个考虑因素，更重要的是要考虑包括当下已知的或预估的基本面是否符合当下的价格，如果符合，不管趋势如何都不应

该改变这个观点。

这套投资决策体系，一方面不独立于市场，我们尊重市场交易所释放的信号，但另一方面尽大可能性地剥离了价值分析者被市场的恐惧或贪婪所驱使，而作出非理性观点的决策，比较好地实现了价格与价值的平衡。既不完全忽略市场，但也不完全屈从于市场，这样就能形成较好的平衡，投资者对当下的市场感受和未来我们想要获取更高收益这两个需求出现较为平衡的状态。

检查了我们的投资决策流程，我认为目前的这种状况并没有超越我们这个系统设计的时候所要考虑的各个方面，**既然系统本身鲁棒性足够，我就应该在这个框架内继续进行决策。**

第二，重新审视自己心中对当下的恐惧。

投资决策者永远不可能自外于市场，完全摒弃人性中的贪婪和恐惧，在市场开始大幅下跌、持续下跌的过程中，尤其是在市场形成所谓的"断头闸"，发出极具恐慌的交易信号时，决策者不可避免地在心中充满恐惧，所以我在检视观点的时候也一度有过动摇，因为我对市场的判断和石总对市场的判断还是有一点点差异，所以我反复考虑，需不需要用我的观点对石总的观点做较大幅的调整？这时候我重新对自己的定位做了一个检查，我认为我是投资的决策者，我更多的会受到趋势和价值两者的冲击，所以如果用我的观点去调整石总的观点，那事实上就是我超越了整个系统，做了趋势交易系统该做的事，也做了价值分析者该做的事，这样我就开始打翻自己最早所设计的投资原则了。**这是一个危险的信号，说明我被自己的恐惧影响了。**

所以，我放弃了对观点的调整，仍然维持石总的观点。当然我需要跟石总来确认，他的观点不会受到短期的市场情绪的影响，仍然是基于客观的预估输入数据所形成的客观结果。

第三，审视自己的侥幸心理。

做投资决策一边怕的是当下，但更多的是怕投资决策做完万一未来不对或者其他的意外状况出现，而这种对未来的担忧，会严重地影响当下的决策。在这个过程中，我有过动摇：要不要现在做？因为持续的市场下滑以后，金融监管者很有可能会推出各种各样的政策，这时候，要不要等待政策信息？

事实上，这是第二个危险的信号，说明我开始忘记了我们整个体系设计的目标，我们为什么要坚持趋势加价值两套投资模式，最重要的原因就是我们必须得控制确定的最大回撤，因为最大回撤一破，投资者就会被驱赶出市场。

我对未来所有的期待，其实本质上都是一种侥幸心理，因为救市政策的推出具有巨大的不确定性。**而侥幸心理是一套投资体系最终不达目标、脱离约束的最大原因，这也就是我一直说的一套体系最大的敌人是设计者自己。**

所以我放弃了对未来的这种不确定性的考虑，而是回头来检视，如果这样的事情不发生会怎么样。如果不发生的话，按照现在的配置结果我们不可避免地会打破最大回撤的底线，这样的结果不是我们能接受的，也不是我们整个体系设计的目标，所以我应该毫不犹豫地启动调仓而不是继续等待。

第四，审视魔方的设计逻辑。

代客理财的投资决策者不可避免会受到投资者情绪的影响，这种影响更多的是预估到投资者的反应。

这是我的第三个动摇的原因。我担心如果当下减仓了，投资者感受可能并不好，认为我们又割在了底部。

对于传统的投资机构来说，这件事情必须得考虑，因为没有人会替你来做投资者的安抚，尤其是当你的投资决策在短期看上去是失败的，这时候外部机构会推波助澜，加速你的规模流失，而规模流失，对于管理者来说就是一场噩梦。

就在犹豫的时候，我重新审视了理财魔方这家公司的设立初衷和结构设计。之所以设立理财魔方是因为传统的财富管理中，投资管理者跟面向客户的机构是割裂的，大家各做各的，结果导致投资机构在做决策的时候，永远面临着巨大的投资者情绪的压力，而销售机构在做客户的时候，也习惯于甩锅给投资机构。事实上，投资机构处在恐惧中时，会让客户放大恐惧。

和海涌交流，他告诉我，只管做正确的投资决策，擦客户"情绪屁股"这件事情交给他来完成。我认为这是理财魔方当初设计时的框架，也是我们理财魔方人对这件事情正确认知的一个结果。

理财本身就是必须得不停地直面贪婪和恐惧，并不断战胜贪婪和恐惧的过程。我每次做投资决策后都会做这样的思辨，然后会把思辨的结果记录下来，投资决策不可能永远正确，我们唯一能打磨的只有自己，以及自己的外化，也就是我们的投资决策体系。**只要我们的体系是完善的，投资决策流程是可靠的，业务架构设计是完备的，团队合作是没有障碍的，那么不论我们经历什么样的灾难，都能安全地度过。**这次市场下跌的速度和规模，各类资产受冲击的一致性和受波及影响之大，堪比一场全球战争。我们越早经历这样的过程并战胜这个冲击，未来我们就越有可能更健壮地走下去。

对外，我们面向客户提供的是一个财富的"诺亚方舟"；对内，我们自己内部共同打造的这样一个投资顾问服务体系，是我们这些人赖以生存的"诺亚方舟"。

第十三课　人工智能技术是实现低成本高质量理财服务的重要手段

一、高质量理财服务门槛高且稀缺

1. 私人银行服务资源稀缺

我们都知道，银行有单独的私人银行业务，专为高净值用户服务，提供更专业、更全面的理财服务。

但私人银行业务有门槛，不是人人都能消费得起，对于服务对象的资金量有严格要求，一般需要客户银行账户的管理资产在 1000 万元以上，且服务费用昂贵。根据招商银行与贝恩公司联合发布的《2019 私人财富报告》中的数据显示：2018 年，中国可投资资产在 1000 万元人民币以上的高净值人群数量达到 197 万人，预计到 2019 年底，这个数量将达到约 220 万人。符合私人银行业务的群体数量和中国 14 亿人口的巨大数量对比，可见拥有私人理财业务的人群确实稀有。

另外，私人银行业务的分布比较集中，主要集中在招商银行、工商银行、建设银行、中国银行和农业银行 5 家银行。根据博瞻智库的统计，这 5 家私人银行的业务规模占到全国总业务的 80% 左右，私人理财的服务人员也主要集中在这 5 家银行，因此可以说明高质量的理财人员非常稀缺。

2. 中产家庭大量崛起，产生巨大的理财服务需求

私人银行的高门槛和高成本，使得只有小比例的投资者可以享受到这项理财服务。但国内中产群体大量崛起，且中产家庭对于理财服务有迫切需求。

参考福布斯中国和向上金服发布的《2018 中国新兴中产阶层财富白皮书》，中产家庭是以美国橄榄型社会结构所演绎出的概念，特点是财富状况处于中间部分且数量庞大。对应中国社会，依照瑞士信贷集团的划分标准，拥有 5 ~ 50 万美元财富的人群被认定为中产家庭，统计表明中国的中产家庭数量为 1.09 亿，位列全球第一。可见，中产家庭的数量与拥有的财富都是非常巨大的，虽然无法满足私人银行的条件限制和负担其成本，但其自身仍然有巨大的理财服务需求。

每个中产家庭情况不同，他们对财富的增长预期、消费支出、未来生活规划都不一样，所以他们不满足于大众化产品，希望被一对一地提供个性化服务，因此对私人理财服务有迫切的需求。

根据广发银行和西南财经大学联合发布的《2018 中国城市家庭财富健康报告》显示，中国城市家庭资产规模快速增长，但家庭对投资顾问服务的实际参与度并不高，全国仅有 1.3% 的家庭有理财顾问，但却有 5.9% 的家庭需要理财顾问。中间数据的差距，也从另一方面佐证了中产家庭的崛起带来了庞大的理财服务需求。

因此，最终的结果是：一方面中产家庭有巨大理财服务需求；另一方面他们的资产水平又达不到私人银行的标准，且私人银行的投顾人员有限，也无法负担庞大的中产群体，产生巨大的供求矛盾，而且这个矛盾靠人工是无法解决的，这就是为什么要用人工智能技术的重要原因。

二、人工智能技术把个性化服务与低价格成本完美结合

1. 人工智能技术提供服务的质量更高

人工智能技术是一种借助计算机来模拟人的思维过程和智能行为的技术手段，计算机不断从解决一类问题的经验中获取知识、学习策略，之后再遇到类似问题时，计算机会运用经验知识像普通人一样解决问题，同时不断积累新的经验，如此循环往复。可以说，人工智能的本质是对人的思维信息过程的模拟，而且能够更高效、更准确地完成。

传统的人工理财服务，基本上是由各大银行的私人银行提供，而且重点依靠个人的知识储备和经验积累，处理速度慢，难以规模化，且不同的私人银行和投资顾问水平参差不齐，导致传统的人工理财服务存在效果差、门槛高、成本高等问题。

而人工智能技术在这些问题上几乎都超越了传统的人工服务。

优秀的人工投资顾问可以对单个客户提供非常好的服务，但当客户量暴增的时候，人工投资顾问的服务质量必然会下降。因为人工投资顾问数量有限，没有办法大量供给，好的投资顾问就更加稀缺，而且人工的工作时间、身体状态都受限，无法24小时保持同一水准的服务状态。因此，面对庞大数量的中产家庭，人工投资顾问没有办法确保水准相同的良好服务质量。

但是人工智能技术就不一样，它最喜欢庞大的数据量，服务对象越

多，计算越精准。随着客户越来越多，人工智能投资顾问服务也会越来越好，而且可以 24 小时全天候提供服务。

因为人工智能技术拥有庞大数据储备，可以通过云计算、模型训练和机器学习等手段，实现更快速的数据分析和决策处理，更高效地为每个用户提供个性化服务。人工投资顾问成本高昂和精力有限的局限性，在人工智能技术这里完全不存在，它的优势就是可以同时处理更多的样本。因为计算机非常好学，可以不知疲倦、无时无刻处于学习状态中，更多的样本可以为计算机提供更多的经验积累，聪敏努力的计算机会及时吸收新信息，从而不断优化处理结果，提升理财服务效果。

所以，人工智能技术可以同时为更多数量的投资者提供高质量的理财服务，且不需要门槛来过滤用户群体。

2. 人工智能技术提供服务的成本更低

银行的人工一对一服务，完全依赖人力投入，投入成本是变动成本，每增加一个理财客户，消耗的人力成本也相应增加，而且随着服务用户的增加，人力成本也会同比例增加，边际成本无法随客户量的增加而逐步递减。

而人工智能技术的投入成本是固定成本。人工智能理财服务需要的人力参与很有限，主要依赖计算机进行处理，成本支出主要来自硬件机器的固定成本。一旦机器设备搭建完成，后续维护成本很低，不会随着用户的增加而增加，总的成本支出远低于银行的人工服务。并且，人工智能技术有能力且擅长处理多个样本，客户的增加不需要消费额外的资源，边际成本随客户的增加而递减。

因此，人工智能技术提供的投资顾问服务价格相对更便宜，远低于人工服务，也有利于扩大服务对象，不再专属于高净值用户。

总结下来，依托计算机处理的人工智能技术一方面可以高效、高质

地提供个性化服务，另一方面需要的成本低，相对于私人银行的理财服务，真正实现了用10%的价格享受到90%的服务，物美价廉，性价比很高。

3. 智能投顾的成熟路径

智能投顾的核心是客户立场、个性化与伴随式三个要素。为了完成这三个要素，需要经历几个步骤呢？

技术体系要经历三个阶段（如图13–1所示）。第一阶段，就是千人千面（Smart Trading），你必须得承接完全个性化的交易，才能实现定制，这是技术基础。第二阶段，个性化投资（Individual Investment），也就是要能根据客户的收益需求或风险需求或风险的呈现形式（有人喜欢稳定波动，有人愿意刺激一点），以及这些需求的变动，随时响应出新的组合来。第三阶段，就是智能客户分析与管理（Intelligent Customer Management），要可以输出能驱动金融的可变的、个性化的参数，另外，还要输出供运营部门使用的情绪参数。到这个阶段，智能投顾的整个体系才算完整。

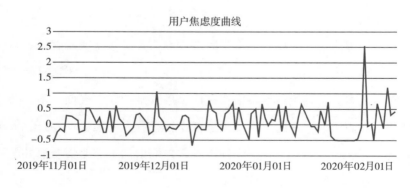

图 13–1　智能投顾技术体系三阶段

但整个体系的驱动逻辑是倒过来的，客户驱动金融和运营手段（自动化服务，人工服务甚至产品都是运营手段），金融驱动交易，客户数据化运营是整个体系的驱动者（如图 13 - 2 所示）。

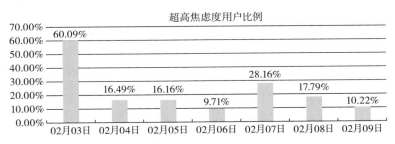

图 13 - 2　智能投顾技术体系驱动逻辑

三、人工智能技术在理财服务中的应用——以理财魔方为例

1. 顾问服务角度的应用

理财魔方通过全 AI 驱动的智能投顾客户分析系统，大大降低了成本，提高了效率，使得一个投资顾问能服务 4000 个客户，远远高于私人银行的 100 人规模。

理财魔方的这套智能投顾客户分析系统由三个模块构成，分别是用户风险承受能力分析与匹配、用户投资心理波动分析与管理、用户互动管理。该系统一站式地监控与管理用户的整个生命周期，根据用户的动态心理、行为变化及时调整投资组合，实现实时动态的加仓、减仓。目前这个部分已经 90% 实现全 AI 的自动化驱动。

具体来说，理财魔方通过用户在 APP 上的使用行为以及用户画像信息，利用深度学习等算法，分析用户可能会进行的购买、赎回和调仓等行为。同时也会跟踪用户的情绪，适时进行智能干预。理财魔方收集用户点击 APP 的页面和按钮，以及用户使用 APP 的习惯和流程，利用大数据分析、异常点检测、分类聚类以及时间序列分析等方法，分析用户的情绪是否焦虑，之后根据用户情绪的等级以及用户画像，智能干预用户。

我们以用户的焦虑度检测为例,来说明人工智能的参与过程。当市场爆发意外事件时,客户会受到各种外部信息的影响,即便投资没问题、风险识别没问题,客户也会出现情绪的波动,焦虑度会提升。因此,理财魔方会实时监测客户的焦虑程度,当焦虑度提升过高时要进行集中干预,并准确识别出那些焦虑度变高的客户,对其进行精准引导与情绪干预,有效平复客户的情绪。

比如2020年爆发新冠肺炎疫情时,理财魔方的焦虑度曲线监测到客户的焦虑情绪值在显著变高,因此,我们预先做好了各种应对准备(如图13-3所示)。同时,锁定了客户中焦虑度达到危险值的用户,有针对性地推送内容进行引导和干预。

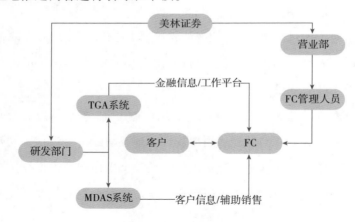

图 13-3　用户焦虑度曲线

从下图可以看到(如图13-4所示),在理财魔方的有效干预下,超高焦虑度用户的比例大幅下降,这说明前期人工智能技术对于焦虑用户的识别是比较精准的。

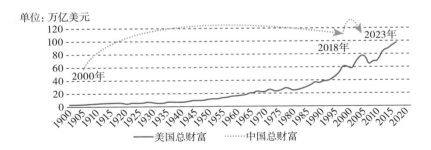

图 13－4　超高焦虑度用户比例

　　最终，通过人工智能技术，理财魔方对客户进行"画像"，智能地进行用户分析和提供精准的个性化服务。利用深度学习模型，进行用户对产品的排序算法，推荐出用户最需要的理财产品，实现"千人千面"的顾问服务。

　　2. 投资服务角度的应用

　　智能选择基金：通过大数据分析中国市场的所有公募基金，用 100 多个基金评价指标筛选基金，利用分类算法过滤掉表现不好的基金，利用 XGBoost 和 LSTM 等深度学习方法，预测基金的超额收益能力。

　　智能资产配置：通过蒙特卡洛方法，模拟未来市场可能发生的百万种情况，配置系统从模拟的百万种情况中，综合分析可能发生的风险和可能获取的收益，计算出最为合理的配置结果。

　　组合千人千面：千人千面系统根据用户画像，智能分析每个用户对流动性和风险承受能力等方面的需求，通过 SVM，XGBoost，Learningto－rank 等分类和排序算法，匹配适合用户的资产。用户在持有资产的过程中，系统会综合考虑用户现在所持有的资产以及系统配置的最优配置比例，通过最优化算法，计算出调仓费率最低且预期未来收益最高的调仓方法。

　　整体来说，采用人工智能技术进行智能投资顾问，可以为用户提供风险匹配的标准化资产组合，并长期持续提供高质量的顾问服务。正如清华大学五道口金融学院常务副院长廖理认为，无论在美国市场还是中国市场，智能投资顾问主要起到两方面的作用：其一，降低投资顾问的门槛和收费；其二，提升投资顾问的专业性。因此，人工智能技术才是实现高质量理财服务普惠化的唯一途径。

四、附文

附文1：智能投资顾问：归于沉寂还是爆发前夜？[①]

摘要：中国的智能投顾业务快速地经历了技术诞生期、期望过高期、泡沫幻灭期，目前正处在从缓慢爬坡期向稳步增长期转换的路上。

智能投资顾问行业自2008年诞生以来，已经过去了11年。就目前来看，海外的智能投资顾问行业已经不再是一个独立的行业，或者说，从来没有过这样一个独立的行业。我们能看到的，是传统财富管理行业的快速智能化。

相比较而言，国内由于传统买方投资顾问业务的不成熟，智能投资顾问的发展更曲折，也更复杂一些。

一、海外智能投顾的发展趋势：没有独立的智能投顾行业，只有传统财富管理行业的快速智能化

1. 国外智能投资顾问行业发展现状

（1）美国的智能投资顾问行业

美国智能投资顾问行业的发展分为三个阶段：

第一阶段，自2008年开始，以Wealthfront、Betterment等创新型技

---

① 本文发表于《财经》杂志2019年第16期,联合作者张建锋为《财经》杂志记者

术公司为发端，开创了智能投资顾问业务领域。技术创新型公司规模
小、灵活度高、技术敏感度强，在智能投资顾问业务发展成熟的早期，
对业务模式、技术手段应用等进行了大量探索，推动了行业的成熟（如
附表1所示）。

附表1 美国智能投顾行业第一阶段公司的列表

公司	产品时间	最新资产规模
WealthFront	2008	110 亿美元
Personal Capital	2009	85 亿美元
Betterment	2010	160 亿美元

第二阶段，自2015年开始，传统财富管理机构大规模进入智能投
资顾问领域，以智能投资顾问技术对传统投资顾问业务进行大规模改
造。这标志着行业对是否应该发展智能投资顾问业务的观望和争论结束
了，智能投资顾问甚至不再是一个独立的行业，而成为财富管理业务的
一个主要发展方向（如附表2所示）。

附表2 美国智能投顾行业第二阶段公司的列表

公司	产品时间	最新资产规模
Vanguard 先锋	Personal Advisor Services 2013. 3	1150 亿美元
Charles Schwab 嘉信	Schwab Intelligent Portfolios 2015. 3	370 亿美元
Black Rock 贝莱德	Future Advisor 2015. 8	备注：很多传统财富管理机构已经将智能投资顾问业务体系嵌入到传统投资顾问之中，不再单独披露管理规模
Deutsche Bank 德意志银行	Anlage Finder 2016. 1	
Bank of America & Merrill Lynch 美银美林	Guided Investing 2016. 10	
TD Ameritrade 道明银行	Essential Portfolios 2016. 11	

第三阶段，以2016年3月美国金融业监管局（FINRA）发布《Re-
port on Digital Investment Advice》报告（非监管法规），以及2016年4
月美国劳工局（DOL）的退休账户管理新规中对"受托人诚信义务规
则"（Fiduciary Rule）的修订（要求投资顾问要把投资者利益置于自身

利益之前，从而限制了传统投资顾问收取高额投资顾问费、以及以高频交易获取高额佣金等行为）为标志，智能投资顾问行业进入高速发展期。

根据 Statista 在 2019 年 2 月发布的美国智能投资顾问市场报告，美国智能投资顾问管理的资产在 2019 年将达到 7497.03 亿美元。预计 2019～2023 年，管理资产的复合增长率为 18.7%，到 2023 年总金额将达到 14862.57 亿美元。美国市场智能投资顾问的用户数量和渗透率也将持续增长，预计到 2023 年，用户数量将达到 1378.21 万，渗透率达到 4.1%。

（2）欧洲的智能投资顾问行业

欧洲的智能投资顾问企业，目前仍然以独立创新型公司为主。根据统计，全欧洲目前从事智能投资顾问业务的公司有 64 家，其中英国 13 家、德国 23 家、法国 4 家、瑞士 4 家。传统金融企业中开始大规模进入智能投资顾问领域的主要有德意志银行。

2. 海外传统投资顾问不"传统"，是传统财富管理机构能快速智能化的基础

（1）传统的财富管理机构早已经实现后端的机器辅助＋前端的人"嘴"

相较于早期以销售和品牌为依托的财富管理公司，目前意义上所谓的传统投资顾问公司，其实历史都不算特别长。以美国为例，目前以面向个人家庭和中小机构为主的财富管理机构，大都产生于 20 世纪 80 年代之后。其中较为知名的美林证券（20 世纪 90 年代通过一系列并购，让自己的世界影响力逐渐扩大）、贝莱德（创立于 1988 年）。

这个时间上的"巧合"，其实是有历史背景的，美国在 20 世纪 80 年代早期到中期经历了两个转变。

简单来说：第一个是基于利率的债券型理财（偏固定收益）随着基准利率的下滑而渐趋没落。美国联邦基金目标利率从 20 世纪 80 年代初的 10% 左右回落到 80 年代中期的 6% 左右，虽然 80 年代末利率一度上涨回升，但之后还是难逃下滑趋势，到了 20 世纪 90 年代进一步下滑到 3%；随之而来的第二个转变是，基于权益等浮动收益类资产的理财模式的大规模兴起，美国共同基金的资产规模从 20 世纪 80 年代初的 1300 亿美元迅速发展到 80 年代末的将近 1 万亿美元。这个变化，与现在中国的财富管理正在发生的情况一样。

固定收益理财的商业模式更接近于传统销售行业，广告、销售技能是关键，因为后端交付的东西是确定的，不存在过多的管理技术。而浮动收益率型理财更近于医院，要望闻问切，要跟踪，要调整。这对于只重视前端的销售型理财机构就成为巨大的挑战。应运而生的理财机构开始普遍转向中台优先的策略，受惠于当时快速成长的 IT 技术，大部分机构都将决策及服务相关的支持 IT 系统作为重要的抓手。

以传统投资顾问的标杆性公司美林证券为例，支撑其业务的是两个系统（如附图 1 所示）：

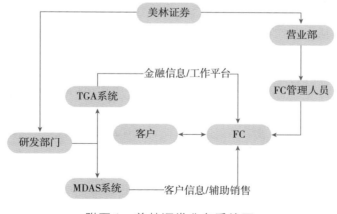

附图 1　美林证券业务系统图

美林的两个 IT 后台系统是其财务管理业务的支柱。为了寻找目标客户，以及向客户提供更好的服务，销售适当的产品，FC（投资顾问）首先分析客户的各项基本信息，将客户需求具体化，这需要借助于 MI-DAS 系统；在计算客户的具体投资组合以及生成财务计划书方面，FC 需要借助 TGA 系统。正是在这两个强有力的系统支持下，美林的财富管理业务才得以持续、稳定、健康地发展。

美林实行的是真正以客户为中心的组织架构，借助于完全市场化的运行机制，FC 可以围绕客户需求，随时调用公司的研究、业务、信息、产品资源，快速组成跨部门、小而灵活的项目组，真正做到有需求就有响应。经纪、研究、交易、销售等不同的业务线之间协同能力强、协同效率高。

（2）技术型公司验证了人们脱离面对面服务而选择 APP 的可能性

2008 年，创业型投资顾问公司 WealthFront 建立，其最初的目标用户群体是硅谷的码农，由于其目标客户的特性，所以客户对这种以 APP 为服务媒介的方式接受度很高，因此创立之后成长速度很快。

这种尝试给了传统投资顾问公司莫大的鼓励，让他们看到客户完全有可能接受互联网服务这种模式，而不再必须是面对面服务。将客户服务的界面从人对人转变为机器对人，这件事情的壁垒并没有想象的那么高。因此，传统投资顾问公司的转型是比较容易的。

（3）在投资顾问所需后台决策体系完善程度上，新兴技术型公司并没有优势

相对于前端的改造，投资顾问所需的后端决策系统的开发，相对壁垒则要高得多。以美林证券为例，其核心的 TGA 系统和 MIDAS 系统在过去二三十年间一直在改造，仅 TGA 系统的开发预算就超过 10 亿美元，实际支出近 15 亿美元。再比如传统财富管理机构贝莱德，

支撑贝莱德执掌万亿资产管理规模的基础是风险管理系统平台阿拉丁（Aladdin Platform）。阿拉丁是一个集风险分析、投资组合管理、交易以及操作工具于一体的一体化投资服务流程系统。这个系统自上世纪90年代初开始研发，2000年由贝莱德解决方案公司（BlackRock Solutions）开发完成，该系统仅投入计算和运行的计算机就超过6000台。在这一点上，新兴技术型公司缺乏资本和经验积累，并没有特别的优势。

在上述三个背景下，传统投资顾问公司能快速智能化成为智能投资顾问的主流，而纯粹的技术型公司反而成长速度偏慢（这个偏慢也仅仅是相对于传统财富管理公司的智能投资顾问业务，其在管理规模上相较于还以传统模式开展业务的财富管理公司仍然是非常快的）。

二、智能投资顾问的中国之路：与国外有何不同？

1. 居民财富无处可去，未来只能选择浮动收益为主的理财方式。

（1）居民的收入增长放缓，被动收入的增加越来越重要

经过30年的高速发展，中国人积累了巨量的财富。但随着经济高速发展时代的结束，中等发展速度时代的来临，居民靠主动收入（工作）来大幅增加财富的时代正在结束，相对应的，财产性收入对居民财富增长的重要性越来越高。国民总收入的增长率在90年初高达30%左右，但随着经济高速发展的结束，国民总收入的增长率也一路下滑，近5年的收入增长率基本都在10%左右，2018年最新的数据是9.37%。

（2）浮动收益类标准化资产成为理财的主要方向。

各类固收理财市场的收益率持续下滑，已经很难承担帮助居民实现财富增加的重任。2008年至今，银行定期存款1年利率从4.14%下降到1.5%、理财产品1年期预期收益率从最高11%下降到4%左右、信

托产品 1 年期预期收益率从 9% 左右下降到 7% 左右，所有类别的类固收产品的收益率都在持续下降。

各类固收产品的风险也不断爆发，截止到 2019 年的最新数据，信托业的风险项目数量从 2014 年的 397 个增加到 1006 个，P2P 行业的问题平台数量从 2014 年的 106 个增加到 2767 个。传统的理财模式已经不适用。

因此，居民资产迅速向标准化浮动收益资产转移。或者说，浮动收益理财时代正在快速来临，跟美国 20 世纪 80 年代和 90 年代的情况一样。

2. 浮动收益率理财时代的特点决定了买方投资顾问化是财富管理行业的未来。

传统的理财模式，是以固定收益类资产为主。固定收益类理财相对要简单得多，因为收益确定，理财机构需要做的只是把产品卖出去就可以了。但是浮动收益理财模式有其自身的特点：

（1）目标导向

浮动收益率理财因为其收益的不确定性，因此不像固定收益率那样"万能"，这就决定了其必须得有清晰的理财目标，由目标驱动理财方案的形成，即"目标导向"。

（2）个性化

每个人的理财目标都不同，同一个人的不同资金的理财目标也不同，因此理财方案一定是"个性化"的。

（3）伴随式

由于浮动收益理财的不确定性特征，理财服务必须得伴随客户，帮助客户应对不确定的外部环境，度过理财中的不适阶段。因此，要求服务是"伴随式"的。

目标导向、个性化、伴随式这三个特征决定了财富管理行业的未来一定是站在客户立场上、协助特定的客户解决特定的理财需求的业务模式，这就是买方投资顾问。买方投资顾问是财富管理行业的未来。

3. 中国的传统财富管理机构是真"传统"，担负不起理财行业转型的重任。

中国的传统财富管理机构，其业务体系存在着几个弊端：

（1）重固收，轻浮动

以传统财富管理机构中的佼佼者招商银行为例，查询其官网列明的63个在售产品中，高风险评级的平衡型产品共15个，其余皆为低风险评级的稳健型或者谨慎型产品。固收或类固收理财占比76%。招商银行是传统型财富管理机构中浮动收益理财做得最好的，情况尚且如此，其他机构的情况可想而知。

再比如依托互联网成长起来的所谓新型理财机构，如蚂蚁财富。查询其APP上在售产品情况，20个理财产品中，稳健型产品共14个，浮动收益型净值产品共6个。固收类产品占比70%。

不是说固收产品不好，但居民资产主要放在固收市场上，随之带来的必然是高杠杆率，以及居民财富增加缓于经济增长。因此，理财市场成熟的过程，一般都是浮动收益类资产占比逐步升高的过程。失败的理财市场则普遍有个共性——固收类资产占比过高。

（2）重销，不重管

与固收业务模式一脉相承的是，传统理财机构即便在浮动收益理财服务中也是以销售思维而非管理思维在展开业务。无论是考核机制、激励机制，还是业务培训模式，甚至内部的理财文化，无一不是为销售服务的。站在客户立场，建立合理理财方案，伴随客户成长，最终实现客户理财目标等这些浮动收益理财的基本逻辑，在当下的大部分传统理财

机构里都是"天方夜谭"。

（3）重前台，轻中台

无论是银行还是三方财富管理机构，在驱动决策、驱动客户服务的中台体系建设上，都是十分吝啬的。相比较而言，他们更愿意花钱来奖励销售行为，建立促进销售的销售支持系统。可以这样说，中国的传统财富管理机构，类似于美林证券的 TGA 和 MIDAS 系统这样的中台系统建设，如果不是空白，也基本上无限趋近于 0。

4. 智能投资顾问，是买方投资顾问业务的唯一可能

鉴于客户需求在前，而传统理财机构又不堪重任，因此我认为智能投资顾问才是买方投资顾问业务的唯一可能路径。为什么这么判断？

（1）需求在前，时间紧迫

根据瑞信的研究报告，中国在 2000 年时，居民财富状况还只是美国 1905 年的水平，而到 2018 年则已经赶上了美国 2000 年的水平，预估在 2023 年时将达到美国 2007—2008 年的水平（如图 2 所示）。我们能观察到，美国居民财富在这些年中发生了结构改变。我们认为，中国居民财富的浮动收益化可能会比美国更快。

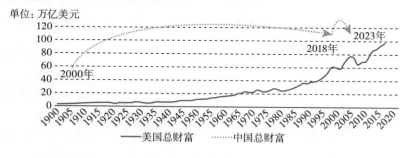

附图 2　1900—2020 年中美财富对比

（2）缺乏人员积累

中国的财富管理行业从业人员，数量不够，且以销售为主，截至

2018 年，中国个人投资者大约在 1 亿人左右，而浮动收益投资顾问的人数只有 4 万人左右，加上银行以销售为主导的传统理财服务人员，人均投资顾问数量非常少，远远不能满足市场的需求。而美国截至 2017 年，仅以公募基金为对象的理财服务人员就达到近 5 万人。

（3）人工投资顾问没有大规模快速培训的可能性

浮动收益理财人员，其培养过程相对漫长。美国从 1940 年《投资顾问法》开始规范性地出现理财行业，行业及其从业人员的培养历经 70 余年。

（4）传统的人工投资顾问，合规与可靠性管理仍然是解决不了的问题。

中国的上一轮投资顾问业务实践，事实上是以失败告终的。根本原因是，以人作为服务主体，把量价敏感的品种（股票）作为服务标的，在理财服务缺乏合理收入来源的情况下，业务往往走向变异。而几粒老鼠屎往往坏了一锅汤，导致中国的买方投资顾问业务迟缓于财富管理行业的整体发展。这个问题，如果继续采取以人员服务为主的模式，还会继续存在，毕竟理财服务，尤其是浮动收益理财服务要求高频率地触达用户，而任何机构都很难 24 小时盯着这些投资顾问人员。

一边是紧迫的需求，一边是缓慢而无望的传统财富管理模式，只有智能投资顾问，或者是技术驱动、中台制胜的买方投资顾问模式，才是这个需求得到满足的唯一的解决之道。

三、智能投资顾问的中国之路：目前处于什么发展阶段？

中国的智能投资顾问技术和业务目前走到了哪个阶段呢？国内的智能投资顾问企业自 2014 年开始产生，至今只有 6 年时间，这 6 年的发展历程可以总结为三个阶段：

1. 第一阶段是创新型技术公司入局

创新型技术公司开始尝试智能投资顾问技术为客户提供服务的可能性。早期的探索机构基本都是独立的技术型公司，如理财魔方、弥财等。这个阶段主要的服务模式是2C：直接面向客户，试图解决客户的问题。

2. 第二阶段是传统的财富管理机构加入

传统的财富管理机构如银行等也开始尝试智能投资顾问技术，少部分采取自行开发的方式，大部分则囿于技术积累匮乏，尝试引入第三方进行开发。这个阶段也使得原本只能2C的创新型技术性公司开始分化，部分公司意识到国内客户和市场的复杂程度超过国外，照搬国外模式很难成功，于是开始转向2B端服务。

我们必须得理解，智能投资顾问的核心是面向客户、分析客户、管理客户，而不是仅仅做好投资。因此，避开2C问题转而向2B端，是解决不了问题的，采购服务的B端，最终也是要2C的。这个阶段，行业开始进入深水区，部分坚持2C的创新型机构和部分传统型财富管理机构逐步摸索出针对中国市场的智能投资顾问业务模式和方法，完成技术准备和积累。部分传统的金融科技巨头也在这个过程中完成了路径探索和初步的技术准备。

未来这个行业，是会继续沉寂下去还是会像国外市场那样爆发？为什么中国的智能投资顾问业务自2014年产生后，经历了开始的火热之后很快转入沉寂？在理清这个问题之前，我们需要分析两个错误的认知：

（1）不要低估门槛：中国的智能投资顾问行业要一步跨越两阶段，首先是理财行业从销售导向向投资顾问导向的转变；其次是投资顾问服务由人工向机器的转变。

在成熟市场上，这两个转变中间的缓冲期是30～40年（从20世纪80年代开始到2010年前后），而中国的投资顾问市场，需求在前，已经不大可能再给我们这么久的时间来实现这个转变。中国的智能投资顾问，需要在一步里就走完这两个过程。这意味着门槛特别高。

（2）不要低估时间：买方投资顾问既要贴合市场也要贴合客户，而市场和客户都是独特的。

中国的投资市场和投资者都不成熟。市场不成熟，意味着为了获取平均收益或控制特定风险，要付出更多精力和构建更复杂的体系。客户不成熟，因此对客户的识别、定位、引导与抚慰都是高频率的，是极其个性化的，这些都需要时间积累。

因此，中国的智能投资顾问需要走过较长的"厚积"过程，才能最终实现"薄发"。指望一蹴而就或者快速成功，在这个领域里起码是不现实的。但是，正是因为需要积累的东西比较多，一旦积累成熟，先进者的爆发速度将会更快，壁垒将更难以被打破。

3. 第三阶段是技术准备成熟，各方开始发力狂奔

中国的智能投资顾问行业，或者叫技术驱动的浮动收益财富管理行业，正在进入第三阶段。全球最权威的技术咨询机构Gartner公司认为，技术跟我们人一样，也有自己的生命周期，他们据此提出了Gartner曲线。Gartner曲线将一项技术从胚胎萌芽到苗壮成长划分为5个不同的时期：技术诞生期、期望过高期、泡沫幻灭期、缓慢爬坡期、稳步增长期（如附图3所示）。

中国的智能投资顾问业务快速地经历了技术诞生期、期望过高期、泡沫幻灭期，目前正处在从缓慢爬坡期向稳步增长期转换的路上。部分领先企业已有数十亿以上的管理规模。以理财魔方为例，在2017年年底的管理规模就超过了10亿元。随着技术的成熟，外部环境也"万事

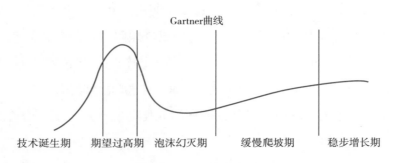

附图 3　Gartner 曲线

俱备"，相信行业很快会进入爆发式成长期。

四、智能投资顾问的中国之路：面临哪些问题？

（1）仍旧采用产品思维，拼收益，不重视客户体验、客户服务和客户引导

目前国内的智能投资顾问公司存在着以销售为导向，和传统金融机构一样拼收益、拼费率的问题。当然，这个问题的一大部分原因是目前智能投资顾问公司没有合理的收费渠道和依据，只能像传统销售导向理财机构一样收取销售费用。

（2）法律定位之惑

传统的金融体系对于投资顾问业务重视力度不足、定位不清晰。基金公司、三方销售渠道、买方投资顾问的关系，类似于药厂、药店和医院的关系，传统金融体系里非常重视药厂（就是基金公司等产品生产机构），也很重视的药店（就是销售平台），但是对于医院（就是投资顾问）这个角色，既不重视，也没有清晰的法律定位。期望让药厂治病，或者让药店治病，这都是不现实的。只有尽早给医院地位，把治病的主要责任放在医院身上，居民理财难和金融体系结构高度依赖收储放贷型的业务模式的弊端，才能得到真正的解决。

附文 1：坚持做正确的事情——马永谙在岁末年初给理财魔方客户的一封信

今天是 2020 年的最后一天。

回望过去的一年，首先给我们理财魔方的客户们道个歉。虽然疫情和外部环境动荡不安，但今年确实是投资的大年，公募基金的平均收益率达到 21.96%，而理财魔方的收益率只有 7.45%，远远跑输基金市场平均值。这也是 2017 年理财魔方开始大规模向客户提供服务以来，第一次没有跑赢比较基准，我们的比较基准涨幅为 11.94%，组合跑输 4.49%。

很多客户不是很满意，也有一些自 2017 年就进入魔方的客户离开了魔方，将资金投入了各个公募基金或私募基金中，虽然我感到很痛心，但这些都是可以理解的。

理财魔方是个以控制风险优先的基金理财平台，我们首先要确保最大回撤的底线尽量不破。这也意味着，当市场动荡加大的时候，我们会优先去控制风险而不是去追逐收益。

2020 年的市场，从收益率来看是很不错的市场，但从风险回报（收益/年内最大回撤）来看，其实并不高。这个数值在 2018 年平均是 -0.81，2019 年是 1.45，而 2020 年只有 0.82。

如果我们要确保每一年的风险水平相近，比如 2019 年和 2020 年相当，那么，2020 年获取的收益率就应该约是 2019 年的 1/2（0.82/1.45），因为风险回报降低了，而我们承担的风险不变。

风险不变，意味着我们的收益率是比较稳定的，当市场下跌的时候，因为我们“只取一瓢饮”，我们承担的风险有限，所以我们的亏损也有限。当然，当市场上涨的时候，也因为我们“只取一瓢饮”，所以我们的收益也就不会如那些承担全部风险的基金一样高。

理财魔方2017年平均收益率为9.7%，2018年是－1.18%，2019年是16.32%，2020年是7.45%，如果四年一直持有，年化收益率大约是7.88%。这个收益率不高，但付出的风险代价很小，四年中平均最大回撤只有－9.52%，而且无论遇到什么极端情况，比如贸易战、全球疫情爆发这些多年难见的动荡，也都没有破底线。

不破底线的7.88%年收益率，与涨跌幅度都比较惊人的公募基金相比，差异在哪里？

差异之一在于，我们可以相对稳定地待在市场里，7.88%的收益率虽然不高，但客户大致都能拿到。前一段时间看某个白酒行业指数基金经理访谈，他的产品今年收益率是110%，非常高了。但客户平均持仓期限只有110天，平均收益率只有9%。这是在牛气冲天的今年，如果碰到2018年呢？这只基金最大跌幅41%，想要待住就更不可能了。

这其实是公募基金行业的宿命，业绩好的时候确实很好，投资者的资金大量冲进去，然后下跌时候确实也很猛，冲进去的资金再斩仓出局。这个故事重复了22年。

理财魔方的解决模式，就是稳住风险，从而稳住资金，拿到收益率，而不是看着收益率坐"过山车"。

差异之二在于，有底线才敢放主要的钱。魔方的很多客户是把家里的主要资金放在魔方的，能放主要的钱的地方，求稳肯定是第一位的。假如家里有100万，放1万在前面那只白酒基金，全程持有收益也不过1.1万。放在魔方100万，即便只有7%的收益，也能达到7万。

这其实就是理财与投资的差别。投资是基金公司的事，他们讲求高收益率，因为这个数据可以产出明星基金经理，可以产出爆款基金，可以方便销售。但是理财讲求客户最终能挣到多少钱，如果不控制风险，客户因为稳不住挣不到那个收益率，或者不敢放太多钱，导致挣了收益率却挣不到什么钱，这是理财的失败。所以理财，就必须坚持风险控制优先。

这其实是魔方过去 6 年来一直在做的事情。选择要做一样东西，就必然会失去其他一些东西，比如看上去亮眼的收益率，比如快速增加的资金规模。

但是，坚持对的东西，这是我们建立理财魔方的价值，哪怕为此付出代价，那也是应该的。

展望 2021 年，我们相信一轮规模大幅上行之后的公募基金行业必将迎来意料中的动荡，市场也不会持续单边上行而会在曲折中寻找机会。风险控制好，我们才能把今年挣到的钱留下来，而不至于像过去 22 年一样，怎么来怎么去，甚至赔上更多。

那么，我们的坚持终将会给我们的客户带来回报。

祝福大家！

后记 在这样一个欢笑的时刻，让我们谈谈理想！

（理财魔方 5 周岁生日会上的演讲）

理财魔方 5 岁了。

2014 年底，在 CFA 协会组织的一个活动上，我做过一个小小的演讲，回答我为什么要离开基金行业，去做投资顾问。我说，我要做一件唐吉诃德战风车的事情，我要把我自己的职业尊严找回来。

为什么会有这样一个近似"天真"的念头？

在近 10 年的基金研究和投资路上，我见到的一直是投资者的大比例亏损；一部分基金从业者感到焦虑、迷茫，也有一部分觉得理所当然、心安理得。

2008 年，在参加北京电视台组织的一场理财进社区的活动时，现场有一位阿姨，在我讲完基金投资后站起来直接怼我："你说得天花乱坠，可我周围买基金的没有一个人赚到钱，你们就是骗子。"

70% 的投资者是亏损的，她说我们都是骗子有错吗？我们可以有一万个理由说这不是我的责任。确实，市场不稳定，客户不成熟，这都是事实。但是，趋利避害是人类的本能，就像怕苦怕痛是人类的本能一样。如果医生要求病人不怕苦、不怕痛才能治好病的话，那这个医生还有什么价值呢？

医生能让病人服下苦口的良药，接受难受的手术，是因为"医者父母心"，医生的目标是把病治好，这是病人对医生的基本认知。

客户因为趋利避害而追涨杀跌，这是正常的。我不能因为这个原因，就心安理得地觉得客户赔钱是正常的，是活该。所以我想，让我来第一个做那个认同是客户不完美的人吧，让我们从这个基本认知出发，来寻找解决办法吧！

我们要解决的，就是那个不可能的任务：不论市场如何变动，最终让大部分投资者挣到钱。

所以，理财魔方一开始就定位，从风险控制出发，让投资者尽可能长地留在市场里，挣能挣到的钱，而绝对不做那些看上去很高，很有爆点，很有广告效应，但最终客户根本就拿不住，从而也就根本不可能挣到钱的事。我一直说，能挣到多少钱不取决于我，那是你的命。但让你挣到钱，这是我的责任。

理财魔方把最高风险等级的最大回撤设置到15%，是因为我们这些年发现，没有多少客户能真正理性和相对舒适地接受这样的亏损。超过这样的亏损，哪怕最坚定的投资者都会诱发杀跌。所以，我一直坚持不做更高风险等级的产品，虽然很多客户一直在提要求，说理财魔方的风险控制得好，如果能把目前的风险放大三倍的话，收益率应该能跑赢大部分爆款基金。

跑赢爆款基金于我而言只是个广告效应，但于我的客户而言，除了让他们白跑一场，继续陷入追涨杀跌从而亏损的老路之外，一无所获。所以，我一直坚持不做。

几年前理财魔方把风险控制放在最重要的位置上的时候，有很多朋友劝我：客户只会看收益，不会看风险的。你的风险管得再好，收益率不够高，客户仍然不会买账。我说，不买就不买吧，买了账的好歹不会再继续吃亏。

显然我们低估了客户的理解能力。就像病人理解了医生的最终目标是为了治好自己的病，那么苦口的药难受的治疗，也会忍着坚持下去。我们在近5年服务里坚持的东西，在客户这边的接受度，远超出我当初的想象。也正是因为这种坚持和逐步建立的信任，理财魔方的客户流失率很低，资金留存率很高。

截止到2019年末，理财魔方服务的数万用户里，98.4%是盈利的。很多用户都经历了2018年全年亏损的艰难时刻，但选择继续跟随魔方，最终在2019年很早就回本并实现盈利。

理财魔方的收益率不高。2017年9.7%，2018年赔了1.18%，2019年16.3%。但是这个收益，是我们的客户能拿住和拿到的收益，这背后，是即便2018年这样的严酷之年，也不过6%的最大回撤。

让投资者挣到钱，对我们无比重要。

10%左右的年收益，对于谁比较重要呢？

我之前的职业是做私募基金，面对的客户都是高净值人群。我后来深切地认识到，对于前1%的人群来说：第一，他们不缺理财渠道，有无数的理财机构、理财经理围着他们转，虽然随着刚兑打破、暴雷加速，高净值人群的理财也有"理财荒"。第二，理财所得，对于他们来说，不会真正影响任何东西。5%、10%、20%，对于他们来说其实没有根本的差异。

10%，对于中产家庭来说才是重要的东西。

第一，中产家庭没有人服务。愿意花时间给他们服务的没有能力，有能力的时间太贵，不可能花时间去服务他们。

第二，理财收入的高低会直接影响到中产家庭的生活。中产家庭其实都面临着沉重的支出压力，多挣点，可能就意味着能让家人住个更大的房子，意味着能让孩子上一个更好的课外班，意味着可以带全家人去更远的地方旅行。

更重要的是，让中产家庭的财富不坠落，则至少在经济基础上不至于阶层下滑、社会分化。中产不坠落，是社会能稳定前行的根本。从这个角度来说，替中产家庭理财，也是在替我们整个社会的未来在理财。

所以，服务中产家庭，让他们的财富不被贬值，让他们的财富跟得上社会财富的自然增长，这很重要。

5 年来，我们所服务的客户，地域跨越天南海北，职业遍布各行各业，他们是老师，是医生，是工人，是设计师，是农民，是小企业主，是会计师，他们是这个社会的中坚，是这个社会前行的动力。理财魔方这 5 年来的收获，不仅是管理规模的增长还是公司的快速成长，最大的收获是让客户赚到了该赚到的钱。

为什么在这样一个时刻谈理想？因为没有理想，我们永远不会知道该坚持什么。"念念不忘，必有回响"，坚持对的事情，这个过程中会有压力，会受委屈，会遭遇一时的波折，但这样做是一定会有回报的。在岁末年初，理财魔方分别在北京、深圳、上海举办了三场客户活动，客户的热情、认真，对我们的支持以及信任，都让我无比感动。我一个基金业内的朋友参加了上海站的活动，之后对我说："很少见到这样温暖的客户见面会，你们的客户粘性真的是太好了。"

所以，我们要谨记自己最初的理想，并且坚持为这个理想工作下去。我们是行业的先行者，必然要去蹚路，要去探雷，要去尝试各种别人未曾尝试的东西，我们不能自我设限，不能固步自封，但我们也不能背离我们的理想。

服务中产家庭，做中产家庭的家庭银行，让他们赚到钱，这是理财魔方的使命。

本书的撰写得到了理财魔方同事们，尤其是宋百丰、焦阳的支持。

　　我的合伙人袁雨来、姜海涌均是在原来各自的领域里非常专业的专家级人才，为了实现为中产家庭理财的这个共同目标，他们离开了熟悉的领域，带着自己的智慧和勇气踏上了这个辛苦而漫长的探索之路。

　　理财魔方的业务实践经验，是近百位理财魔方同事们多年来勤恳耕耘的结果。他们完全可以凭借自己的专业知识和经验去赚取更高的收入，过上更好的生活，但是为了我们"创造一个更公平的理财世界"的共同理想，5年来我们互相激励、砥砺前行，这是理财魔方能在行业中不断领先探索的动力。

　　在此对所有这些奉献者们表示深深的感谢！

　　理财魔方是客户的理财魔方，也是我们全体同事的理财魔方，更是行业的理财魔方。希望我们的探索，能对行业发展有所帮助。